"十四五"国家重点出版物出版规划重大工程

量子科学出版工程（第三辑）

Quantum Computing

Principles and Practices

曾　蓓　鲁大为　冯冠儒　著

量子计算原理与实践

中国科学技术大学出版社

内 容 简 介

本书涵盖了量子计算中最基本和最重要的一些概念,如量子比特、量子门、量子算法、量子计算机等,介绍了一台完全可编程的量子计算机所需要的多层次量子计算架构以及有潜力实现量子计算的不同的物理系统,并基于深圳量旋科技公司研发的桌面型核磁共振量子计算教学机,给出了14个量子计算案例.

本书可作为量子信息及相关专业高年级本科生或研究生的教学参考书,也可作为量子计算爱好者的参考读物.

图书在版编目(CIP)数据

量子计算原理与实践/曾蓓,鲁大为,冯冠儒著.—合肥:中国科学技术大学出版社,2022.3

(量子科学出版工程.第三辑)

国家出版基金项目

"十四五"国家重点出版物出版规划重大工程

安徽省文化强省建设专项资金项目

ISBN 978-7-312-05410-5

Ⅰ.量…　Ⅱ.①曾…　②鲁…　③冯…　Ⅲ.量子计算机　Ⅳ.TP385

中国版本图书馆 CIP 数据核字(2022)第 039381 号

量子计算原理与实践

LIANGZI JISUAN YUANLI YU SHIJIAN

出版	中国科学技术大学出版社
	安徽省合肥市金寨路 96 号,230026
	http：//press.ustc.edu.cn
	https：//zgkxjsdxcbs.tmall.com
印刷	合肥华苑印刷包装有限公司
发行	中国科学技术大学出版社
开本	787 mm×1092 mm　1/16
印张	10.75
字数	222 千
版次	2022 年 3 月第 1 版
印次	2022 年 3 月第 1 次印刷
定价	68.00 元

前言

2014 年除夕夜,加拿大滑铁卢市.

像往年一样,这个以滑铁卢大学和黑莓公司享誉世界但人口只有 10 万多的小城已经完全融入了一片白茫茫的世界中.与户外冷清的街道相比,一群彼时尚不知天高地厚的年轻人正聚集在曾蓓教授家中,快乐地"吃着火锅唱着歌".

这群人来自天南地北.每个人如自嘲般地介绍自己来自"五道口职业技术学院"(清华大学)、"中关村应用文理学院"(北京大学)、"合肥南七技校"(中国科学技术大学)等,同时也都对彼此的水平心知肚明——除了懂点量子外,其他基本啥都干不好.今日的聚会,其实就是一群还算志同道合的、搞量子计算研究的"科研民工"之间的聚会.

酒足饭饱之余,大家不像往常一样讨论哪家的比萨实惠好吃,而是自然而然地讨论起自己的那点特长.在外人看来,这些人可能就像一群虔诚的信徒,既会为玻尔、费曼、肖尔这些熟悉又陌生的名字而争辩,也会为幺正、纠缠、塌缩这些奇怪的术语而疯狂.确实,在大众心中,那时的量子信息、量子计算等可能和量子水、量子鞋垫这些智商税产品没什么两样.

不知是谁提了一句:咱们要不一块儿写本书吧,把量子计算给捋清楚,让读者都有机会学一下这玩意儿,也算给自己一个交代.大家纷纷为这个绝妙的主意拍手叫好,然后却又转头继续自己刚才的话题去了——因为每个人都心知肚明,写量子计算相关的书这事儿根本不靠谱.

作为其中的一员,我也对当时量子计算的迷茫前景感同身受.身边刚刚有博士毕业的师兄师姐放弃了科研而转行去做金融,去做码农,去做教育,甚至回家子承父业.这并不是大家不珍惜量子物理的博士学位,而是梦想被现实击得粉碎.那时的量子计算机就如镜花水月,如空中楼阁,是如可控核聚变那"永远的五十年"一样的都市传说.

殊不知,在这个八年前的聚会上我们就有了写书的打算.

八年时间,我有幸见证了"悬铃木"超导量子处理器的量子霸权,彻底碾压了超级计算机的计算能力;见证了量子卫星"墨子号"的腾空而起,为天地广域量子通信的实现打下根基;感叹于国内外大厂对量子计算人才的求贤若渴,甚至开出媲美机器学习领域的薪资;震惊于多个量子计算初创公司的融资程度乃至上市效率.这些,都是曾经的我想都不敢想的.

尤其是,当利用量子计算和量子通信原理的"智子"在刘慈欣的《三体》中妙笔生花的描述下被年轻人熟知,当《复仇者联盟》中"钢铁侠"一本正经地介绍 EPR 佯谬和大卫·多伊奇并席卷全球票房的时候,我确定属于量子计算的时代来临了.

20 世纪是人类科技发展突发猛进的一百年.这一百年产生的科技进步和革命比此前自人类文明诞生以来的总和还要多.这不得不感谢量子力学和第一次量子革命.一百年前,普朗克、玻尔、薛定谔、海森伯、狄拉克等为我们阐明了世界运行的规律,也给我们指出了技术的发展方向——理解和利用量子现象.由此引发了第一次量子革命,人类发明了半导体芯片、激光、全球卫星导航、核磁共振,影响着我们生活中的方方面面.一百年后,我们有信心也有能力更进一步实现对单个电子、原子、光子的精确操控,构建任意所需的量子状态.这就是第二次量子革命,而我们的征程才刚刚开始.

如果把量子科技比喻为科技革命中璀璨的皇冠,那么量子计算机无疑是皇冠上最耀眼的明珠.《银河系漫游指南》的作者道格拉斯·亚当斯有句名言:"任何在我出生时已经有的科技都是稀松平常的世界本来秩序的一部分;任何在我 15~35 岁之间诞生的科技都是将会改变世界的革命性产物;任何在我 35 岁之后诞生的科技都是违反自然规律要遭天谴的."随着年龄的增长,人类对新生科技有天然的排斥心理.我的外婆临终前依然不相信洗衣机洗的衣服比手洗的更干净,我的父亲直到今天还在担心电子支付会偷偷扣钱而拒绝使用.因为对科技的不解甚至恐惧,我们的祖辈很难充分享受科技进步带来的便利.

以史为鉴,我们不能固步自封.量子计算机必将诞生,也必会彻底颠覆人类社会的运行方式.诚然,我们必须承认,在当前的技术条件下,量子计算机技术远未成熟,其巨大潜力亦只是若隐若现.但历史一次又一次地证明,技术壁垒的打破往往就在一夜之间.这就需要我们更加努力地去学习量子科学,探索量子技术,全身心地投入第二次量子革命的洪流之中,争取使我们或者我们的下一代,能够拥抱量子计算机这一"将会改变世界的革命性产物".

时光荏苒.从普朗克打开潘多拉的魔盒,放出名为"量子"的妖精算起,量子科学已经伴随了我们一百多年.在这前所未有的百年之大变革中,我们因为玻尔和爱因斯坦关于定域实在性的精彩论战而心潮澎湃,为了薛定谔那该死的猫的死活而纠结不已,见证了贝尔不等式逐步证实的奇迹时代,沉醉于费曼描绘的量子计算美妙图景而不能自已,犹记首次理解 BB84 协议的不可思议,也被肖尔的大数分解算法震撼得瞠目结舌.人类发明了激光、芯片、全球卫星导航,充分享用着第一次量子革命带来的丰硕成果.然而,曾经的我们因为种种原因并没有在这波量子浪潮中占据一席之地.

如今,世界的固有秩序已经有所松动.我们也在最前沿的科技领域一路加速狂奔,而量子科技是我们最接近国际领先的新兴领域之一.自 21 世纪以来,在国家的大力支持下,在以潘建伟为代表的新一代年轻量子物理学家的努力下,我们做到了后来居上:发射了首颗量子卫星"墨子号",成为国际上首个实现天地一体量子通信的国家;"九章"和"祖冲之"也相继在光学和超导量子计算平台上去突破,使我国成为唯一能在不同的实验体系上验证量子优势的国家.

如果把时间拨回到 2014 年的那个春节,那群年轻人可能不会想到,他们最终都选择了量子计算作为自己终生从事的事业.有人成为欧美顶尖高校的教授,有人成为量子计算公司的领导者,有人选择回国发展开荒拓土.更为重要的是,在这八年之中,大家欣慰地看到了更多的年轻学子重燃科研梦想,决心为量子科技事业奉献自己的青春.对这一批从事量子研究的科研工作者来说,这无愧最好的时代.对于未来的你们来说,那将是更好的时代.

让我们拭目以待.

鲁大为

2022 年 1 月

目录

第4章
核磁共振量子计算实例 —— 061

第 1 章

量子计算基本原理

1.1　量子比特

　　量子计算是一种遵循量子力学规律调控量子信息单元进行计算的新型计算模式. 量子计算因为其并行运算特性而具备强大的数据存储和处理的能力,一旦突破将解决经典计算中棘手的问题,能够满足处理大规模复杂大数据对计算能力和速度的要求,气象模拟和实时预测、人工智能和机器学习、实时路况导航、无人驾驶路线规划、数据快速搜索与排序等离人类日常生活很近的领域都将得益于量子计算机的研制;量子计算也可以有效模拟量子体系的动力学过程,尤其是对化学反应、生物现象以及生命过程等交叉学科领域的模拟,将对新能源、新材料以及新现象的发现有着巨大的潜在作用.

　　比特是经典计算中的基本计算单元,在量子计算中也有相似的概念——量子比特,或称为 qubit.在经典计算中,会用物理系统的不同状态来代表经典比特的不同逻辑值,比如用电压为零的状态来代表比特的"0",用电压为正的状态来代表比特的"1","0"和"1"就是经典计算中使用的计算基矢.在量子计算中,量子比特由二能级系统的不同状态来表征(图 1.1.1),既可以是有两种极化状态的光子系统,也可以是有两种自旋状态的原子核系统,抑或是有着基态和激发态的原子系统等.此二能级系统的两个不同的物理状态就是量子计算的基矢.

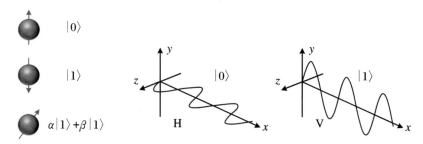

图 1.1.1　表征量子比特的二能级系统

量子比特既可以是有两种自旋状态的原子核(左),也可以是有两种极化状态的光子(右).

在核磁共振系统中,使用的量子比特就是在磁场中有两种自旋状态(自旋向上或自旋向下)的原子核.

量子态及量子叠加

量子态是指量子比特的状态.在量子力学中,经常用狄拉克符号($|\ \rangle$)来表示量子态.比如 $|0\rangle$ 是 0 态,$|1\rangle$ 是 1 态.对于二能级纯态系统,与经典比特在某个时刻只能为 0 或 1 不同,量子比特在某个时刻可以是 0 状态和 1 状态的叠加:$a|0\rangle + b|1\rangle$,这里 a 和 b 是复数,$|a|^2$ 是量子比特处于 0 的概率,$|b|^2$ 是量子比特处于 1 的概率,$|a|^2$ 和 $|b|^2$ 的和为 1.a 和 b 称为叠加态的概率幅.量子叠加正是量子态的一个重要特性.著名的薛定谔的猫思想实验里,猫就是处于一个生和死的叠加态(图 1.1.2).

量子比特状态的另一种表述方式就是:它是二维复数矢量空间的一个单位矢量 $\begin{bmatrix} a \\ b \end{bmatrix}$.$|0\rangle$ 和 $|1\rangle$ 是这个矢量空间的一组基矢.对多比特来说,其量子状态的矢量空间是单比特矢量空间的直积.以两比特为例,其态空间的基矢是 $|0\rangle \otimes |0\rangle$,$|0\rangle \otimes |1\rangle$,$|1\rangle \otimes |0\rangle$,$|1\rangle \otimes |1\rangle$,简记为 $|00\rangle$,$|01\rangle$,$|10\rangle$,$|11\rangle$.两比特的态就是这组基矢展开的四维复数矢量空间的一个单位矢量.

图 1.1.2 薛定谔的猫思想实验
将猫放在一个可以释放毒气的封闭盒子里,盒子里还有一个放射源.如果放射源发生衰变,放出射线被内部探测器检测到,则毒气开关打开,猫会被毒死;如果放射源不发生衰变,则毒气开关不会打开,猫不会被毒死.放射源处于衰变和不衰变的叠加态上,猫就处于生和死的叠加态上.

Bloch 球

任何一个量子比特的纯态都可以表示为

$$|\psi\rangle = e^{i\gamma}\left(\cos\frac{\theta}{2}|0\rangle + e^{i\varphi}\sin\frac{\theta}{2}|1\rangle\right) \tag{1.1.1}$$

由于整体相位不具有可观测的物理效应,故可将其省略,于是上式简化为

$$|\psi\rangle = \cos\frac{\theta}{2}|0\rangle + e^{i\varphi}\sin\frac{\theta}{2}|1\rangle = \begin{pmatrix} \cos\dfrac{\theta}{2} \\ e^{i\varphi}\sin\dfrac{\theta}{2} \end{pmatrix} \tag{1.1.2}$$

它可以形象地表示为 Bloch 球面上的一个单位矢量(图 1.1.3),其空间坐标为 $(\sin\theta\cos\varphi, \sin\theta\sin\varphi, \cos\theta)$,$\theta$ 和 φ 两个角度完全确定了这个矢量的方向.球面内部的矢量也代表量子态,但不是纯态,而是混合态.Bloch 球经常在单比特门操作、弛豫过程等分析中用到.

密度矩阵以及纯态、混合态

我们在前面已经提到了纯态的概念.在解释什么是混合态的时候,需要引入密度矩阵的概念.如果将一个量子态记为 $|\psi\rangle = \begin{bmatrix} a \\ b \end{bmatrix}$,那么其密度矩阵为 $|\psi\rangle\langle\psi|$,$\langle\psi| = (a^* \quad b^*)$ 为 $|\psi\rangle$ 的转置共轭:

$$\boldsymbol{\rho} = |\psi\rangle\langle\psi| = |a|^2|0\rangle\langle0| + |b|^2|1\rangle\langle1| + ab^*|0\rangle\langle1| + a^*b|1\rangle\langle0|$$

$$= \begin{bmatrix} |a|^2 & ab^* \\ a^*b & |b|^2 \end{bmatrix} \tag{1.1.3}$$

可以看出,密度矩阵的对角元对应于该系统处于相应基矢态的概率.密度矩阵的非对角元称为相干项.

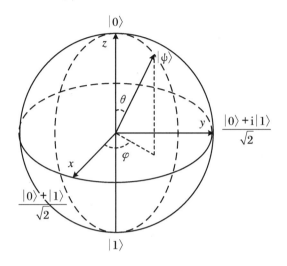

图 1.1.3　Bloch 球示意图

Bloch 球的两极分别是 $|0\rangle$ 和 $|1\rangle$ 态,在 x-y 平面上的量子态是 $|0\rangle$ 和 $|1\rangle$ 态的均匀叠加态,其他方向的单位矢量代表的量子态是 $|0\rangle$ 和 $|1\rangle$ 以不同概率幅叠加的量子态.

密度矩阵更通用的定义为

$$\boldsymbol{\rho} = \sum_i p_i |\varphi_i\rangle\langle\varphi_i| \tag{1.1.4}$$

$$p_i \geqslant 0, \quad \sum_i p_i = 1 \tag{1.1.5}$$

密度矩阵的迹(矩阵对角元之和)为 1,且是厄米的,即一个密度矩阵的转置共轭和它自己相同.密度矩阵的迹为 1 的物理意义就是:该量子系统在不同的纯态的概率之和为 1.一个密度矩阵的平方的迹如果仍为 1,则这个密度矩阵代表的态为纯态,此时上式中的 i 只取 1,回归到我们前面得到的 $|\psi\rangle\langle\psi|$;一个密度矩阵的平方的迹如果小于 1,则这个密度矩阵代表的态为混态,该态不能简单地用二维复数矢量空间的一个矢量来表示.在现实世界中,混态更普遍存在,这是因为量子比特与周围环境相互作用,使得密度矩阵的非对角元趋向于 0,这个过程称为退相干.退相干后的量子态就退化成了混合态.例如 (1.1.3)式中的态完全退相干后,就变为 $|a|^2|0\rangle\langle0| + |b|^2|1\rangle\langle1|$,这个密度矩阵的平

量子计算原理与实践
Quantum Computing Principles and Practices

方是 $|a|^4|0\rangle\langle 0| + |b|^4|1\rangle\langle 1|$,其迹为 $|a|^4 + |b|^4 \leqslant |a|^2 + |b|^2 = 1$,且只有在 a 或 b 中有一个为 0 时等号才成立.也就是说,如果初始态(1.1.3)式是一个叠加态,a 或 b 均不为 0,则退相干后就是一个混合态.

1.2　量子测量

在量子世界中,测量不同于经典测量.在量子力学中,任何一种测量都有对应于它的一个厄米算符,该算符的本征态可以作为量子态空间的一组基矢.对一个量子态进行某种测量后,量子体系的状态会随机地塌缩到该测量的一个本征态,测量结果是该本征态对应的本征值.若这个量子态有多个拷贝,对这些拷贝进行测量后会得到不同的本征态,各个本征态出现的概率由最初的量子态决定(图 1.2.1).

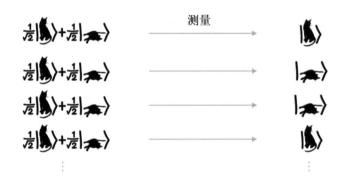

图 1.2.1　量子测量
假设有很多只猫处于相同的状态,即都是死和活的叠加态,那么对任何一只猫进行观测,观测结果为死或者活.如果对所有的猫都进行观测,则观测到死和活的概率都由最初猫所处的叠加态中的概率幅决定.在图中所示的叠加态中,观测到死和活的概率都是 1/2.

这里我们以自旋为 1/2 的算符 I_i 为例:

$$\boldsymbol{\sigma}_x = \begin{pmatrix} 0 & 1 \\ 1 & 0 \end{pmatrix}, \quad \boldsymbol{\sigma}_y = \begin{pmatrix} 0 & -i \\ i & 0 \end{pmatrix}, \quad \boldsymbol{\sigma}_z = \begin{pmatrix} 1 & 0 \\ 0 & -1 \end{pmatrix} \tag{1.2.1}$$

$$I_i = \frac{\hbar}{2}\boldsymbol{\sigma}_i, \quad i = x, y, z \tag{1.2.2}$$

(1.2.1)式中的矩阵称为泡利(Pauli)矩阵.若对量子态 $a|0\rangle + b|1\rangle$ 测量其自旋 z 分量,即测量 I_z,则会以 $|a|^2$ 的概率得到 $|0\rangle$ 态为测量后状态,并得到 $\dfrac{\hbar}{2}$ 的测量结果;会以 $|b|^2$ 的概率得到 $|1\rangle$,并得到 $-\dfrac{\hbar}{2}$ 的测量结果. $|0\rangle$ 和 $|1\rangle$ 都是 I_z 的本征态,对应的本征值分别为 $\dfrac{\hbar}{2}$ 和 $-\dfrac{\hbar}{2}$. 若量子态 $a|0\rangle + b|1\rangle$ 有多个拷贝,则多次测量 I_z 的平均值为

$$\langle I_z \rangle = |a|^2 \frac{\hbar}{2} - |b|^2 \frac{\hbar}{2} = \mathrm{Tr}(I_z \boldsymbol{\rho}) \tag{1.2.3}$$

由上式可以看到,一个算符的测量平均值(记为〈 〉)可以由该算符和密度矩阵相乘的迹来计算.

量子态重构

上一部分中,我们已经提到了 Pauli 矩阵,它的 x,y,z 分量分别是自旋角动量 x,y,z 分量的矩阵表示.可以证明,任意单比特的密度矩阵都可以被分解为 Pauli 矩阵和单位矩阵的线性叠加((1.2.4)式):

$$\boldsymbol{\rho} = \frac{1}{2}I + \frac{1}{2}\langle \sigma_x \rangle \boldsymbol{\sigma}_x + \frac{1}{2}\langle \sigma_y \rangle \boldsymbol{\sigma}_y + \frac{1}{2}\langle \sigma_z \rangle \boldsymbol{\sigma}_z \tag{1.2.4}$$

$$I = \begin{bmatrix} 1 & 0 \\ 0 & 1 \end{bmatrix} \tag{1.2.5}$$

$$\langle \sigma_x \rangle = \mathrm{Tr}(\boldsymbol{\rho}\boldsymbol{\sigma}_x), \quad \langle \sigma_y \rangle = \mathrm{Tr}(\boldsymbol{\rho}\boldsymbol{\sigma}_y), \quad \langle \sigma_z \rangle = \mathrm{Tr}(\boldsymbol{\rho}\boldsymbol{\sigma}_z) \tag{1.2.6}$$

对于一个量子态,将(1.2.6)式中的三个量(自旋角动量的三个分量)都测出来后,代入(1.2.4)式中,就可以得到该量子态的密度矩阵.这个过程就是密度矩阵重构:通过测量不同的物理量来获得足够的信息,以重构出一个量子态的密度矩阵.

对上述单比特的密度矩阵重构方法可以推广到多比特,例如两比特的密度矩阵就可以表示为

$$\boldsymbol{\rho} = \frac{1}{4}I + \frac{1}{4}\sum_{i,j} c_{i,j} \sigma_i^1 \sigma_j^2 \tag{1.2.7}$$

$$c_{i,j} = \mathrm{Tr}(\boldsymbol{\rho}\sigma_i^1 \sigma_j^2) \tag{1.2.8}$$

这里,$i(j) = 0, x, y, z$ 且 $(i,j) \neq (0,0)$,Pauli 矩阵的上标表示比特的序号.$\boldsymbol{\sigma}_0 = I$ 是 4×4 单位矩阵.将 Pauli 矩阵前的系数测出后,就可以重构出两比特的密度矩阵.

这里,我们考虑(1.1.2)式中态(任意单比特纯态)的密度矩阵的分解方式,易得到

$$\langle \sigma_x \rangle = \sin \theta \cos \varphi, \quad \langle \sigma_y \rangle = \sin \theta \sin \varphi, \quad \langle \sigma_z \rangle = \cos \theta \tag{1.2.9}$$

所以,对任意单比特纯态,其在 Bloch 球里的方位$(\sin \theta \cos \varphi, \sin \theta \sin \varphi, \cos \theta)$对应其自旋角动量的方位$(\langle \sigma_x \rangle, \langle \sigma_y \rangle, \langle \sigma_z \rangle)$.这一结论对混态也适用,混态在 Bloch 球内的矢量指向也是其自旋角动量的方位$(\langle \sigma_x \rangle, \langle \sigma_y \rangle, \langle \sigma_z \rangle)$,只是混态对应的矢量长度小于单位长度,在 Bloch 球面内.

1.3 量子比特初始化

在经典计算中,比特往往始于一个已知状态,量子计算也是这样.不失一般性,量子计算往往将量子比特初始化到一个计算基矢态上,例如 0 态.这里以单比特为例,$|0\rangle$态的密度矩阵为

$$\boldsymbol{\rho} = |0\rangle\langle 0| = \frac{1}{2}\boldsymbol{I} + \frac{1}{2}\boldsymbol{\sigma}_z \tag{1.3.1}$$

在这个态上,$\langle \sigma_z \rangle = 1$.$\langle \sigma_z \rangle$又被称为量子系统的极化.由(1.3.1)式易知$|\langle \sigma_z \rangle| \leqslant 1$.所以,初始化往往意味着将极化的幅度尽量增大,最理想的状态就是将其增大到 1.

不同的物理系统采用的初始化方法不同.例如液态核磁共振系统,在室温下的热平衡态有非常小的极化值,非常难实现真正意义上的初始化,所以使用的初始态常常是赝纯态,这会在后续章节中介绍.在金刚石色心系统中,初始化常常是通过荧光效应实现的,使得比特系统初始化在基态$|0\rangle$.在超导量子比特系统中,有一种初始化的方法就是对系统进行投影测量,测量后的系统处于$|0\rangle$或$|1\rangle$态,处于$|0\rangle$态的系统就会被用于后续的量子计算操作.

1.4 量子门

量子门指实现一个量子态到另一个量子态的变化的操作.量子计算通过对量子态进

行一系列量子门操作来实现某些逻辑功能.量子态的演化遵循薛定谔方程

$$i\hbar\frac{d}{dt}|\psi\rangle = H|\psi\rangle \tag{1.4.1}$$

由上式可以推导出密度矩阵的动力学方程

$$i\hbar\frac{d}{dt}\rho = [H,\rho] \tag{1.4.2}$$

通过调控(1.4.1)、(1.4.2)两方程中的一个重要参量——哈密顿量 H,以及控制演化时间,就可以实现从一个量子态1到另一个量子态2的变化,即实现了一个量子门操作.

量子门操作可以用幺正矩阵 U 来表示:

$$U = \exp\left[\int_{t_1}^{t_2}\left(-i\frac{H}{\hbar}\right)dt\right] \tag{1.4.3}$$

$$U|\psi_1\rangle = |\psi_2\rangle \tag{1.4.4}$$

$$U\rho_1 U^\dagger = \rho_2 \tag{1.4.5}$$

(1.4.3)式是从(1.4.1)和(1.4.2)两式得来的,可以看出,U 由哈密顿量以及演化时间决定,又称为演化算符.(1.4.4)和(1.4.5)两式则分别以态矢量和密度矩阵的方式给出了幺正操作 U 的效果.对于 n 量子比特,U 的矩阵形式是 $2^n \times 2^n$ 维的.这里以核磁共振系统为例,调控脉冲强度、频率,都是在调控哈密顿量,再加上对脉冲时间长度的控制,就可以实现各种量子门.

应用比较广泛的单比特门有 H 门(Hadamard 门)、T 门和旋转门 R,比较典型的多比特门是受控非门(CNOT 门):

$$H = \frac{1}{\sqrt{2}}\begin{bmatrix} 1 & 1 \\ 1 & -1 \end{bmatrix}, \quad T = \begin{bmatrix} 1 & 0 \\ 0 & e^{\frac{i\pi}{4}} \end{bmatrix} \tag{1.4.6}$$

$$R = \exp\left[-\frac{i\theta}{2}(n_x\boldsymbol{\sigma}_x + n_y\boldsymbol{\sigma}_y + n_z\boldsymbol{\sigma}_z)\right] \tag{1.4.7}$$

$$CNOT = \begin{bmatrix} 1 & 0 & 0 & 0 \\ 0 & 1 & 0 & 0 \\ 0 & 0 & 0 & 1 \\ 0 & 0 & 1 & 0 \end{bmatrix} \tag{1.4.8}$$

H 门可以将 $|0\rangle$ 或 $|1\rangle$ 态变为两者的均匀叠加态.T 门可以改变 $|0\rangle$ 和 $|1\rangle$ 叠加态中 $|1\rangle$ 的概率幅的相位.R 称为旋转门,是因为它可以实现对单比特自旋的转动,(n_x, n_y, n_z) 是转动轴方向的单位矢量,θ 为转动角度.

下面我们来具体看一下 CNOT 门的作用. 考虑初始态分别为 $|00\rangle, |01\rangle, |10\rangle, |11\rangle$ 的情况, 将 CNOT 门作用到四个初始态的情形用矩阵来表示:

$$\begin{pmatrix} 1 & 0 & 0 & 0 \\ 0 & 1 & 0 & 0 \\ 0 & 0 & 0 & 1 \\ 0 & 0 & 1 & 0 \end{pmatrix} \begin{pmatrix} 1 \\ 0 \\ 0 \\ 0 \end{pmatrix} = \begin{pmatrix} 1 \\ 0 \\ 0 \\ 0 \end{pmatrix}, \quad \begin{pmatrix} 1 & 0 & 0 & 0 \\ 0 & 1 & 0 & 0 \\ 0 & 0 & 0 & 1 \\ 0 & 0 & 1 & 0 \end{pmatrix} \begin{pmatrix} 0 \\ 1 \\ 0 \\ 0 \end{pmatrix} = \begin{pmatrix} 0 \\ 1 \\ 0 \\ 0 \end{pmatrix} \tag{1.4.9}$$

$$\begin{pmatrix} 1 & 0 & 0 & 0 \\ 0 & 1 & 0 & 0 \\ 0 & 0 & 0 & 1 \\ 0 & 0 & 1 & 0 \end{pmatrix} \begin{pmatrix} 0 \\ 0 \\ 1 \\ 0 \end{pmatrix} = \begin{pmatrix} 0 \\ 0 \\ 0 \\ 1 \end{pmatrix}, \quad \begin{pmatrix} 1 & 0 & 0 & 0 \\ 0 & 1 & 0 & 0 \\ 0 & 0 & 0 & 1 \\ 0 & 0 & 1 & 0 \end{pmatrix} \begin{pmatrix} 0 \\ 0 \\ 0 \\ 1 \end{pmatrix} = \begin{pmatrix} 0 \\ 0 \\ 1 \\ 0 \end{pmatrix} \tag{1.4.10}$$

所以 CNOT 门的效果就是: 当第一个比特处于 0 时, 不对第二个比特进行操作; 当第一个比特处于 1 时, 对第二个比特进行非门操作. 下面以表格的形式列出 CNOT 门不同的输入态、输出态之间的关系, 见表 1.4.1.

表 1.4.1　CNOT 门初始态为四个基矢态 $|00\rangle, |01\rangle, |10\rangle, |11\rangle$ 时的末态

CNOT 门			
输入态		输出态	
量子比特 1	量子比特 2	量子比特 1	量子比特 2
0	0	0	0
0	1	0	1
1	0	1	1
1	1	1	0

注: 表中给出了 CNOT 门在量子线路图中的代表符号.

受控非门的重要性是基于这样一个事实: 任意的多量子比特门都可以分解成受控非门和单量子比特门的组合.

另外一个常见的两比特门——量子态交换门 (SWAP 门) 可以交换两比特之间的状态. 表 1.4.2 给出了 SWAP 门不同的输入态、输出态之间的关系.

SWAP 门可以用三个 CNOT 门来实现, 第二个 CNOT 门的控制比特与另外两个 CNOT 门的控制比特不同. 图 1.4.1 用量子线路图的方式来表示 SWAP 门和 CNOT 门之间的关系.

表 1.4.2　SWAP 门初始态为四个基矢态$|00\rangle$,$|01\rangle$,$|10\rangle$,$|11\rangle$时的末态

SWAP 门			
输入态		输出态	
量子比特 1	量子比特 2	量子比特 1	量子比特 2
0	0	0	0
0	1	1	0
1	0	0	1
1	1	1	1

注:表中给出了 SWAP 门在量子线路图中的代表符号.

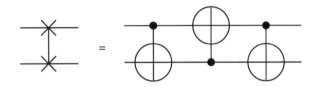

图 1.4.1　SWAP 门和 CNOT 门之间的关系

SWAP 门可以用三个 CNOT 门来实现,三个 CNOT 门交替使用两个比特作为控制比特.

1.5　量子比特寿命

一个与环境隔绝的量子比特,如果不考虑自发辐射,其状态由初态、哈密顿量和演化时间完全确定.如果哈密顿量是单位矩阵,那么量子比特的状态会一直保持不变.但是实际情形的量子比特都无法与环境完全隔绝.与环境的相互作用,使得量子比特的量子态是有寿命的,即使哈密顿量是单位矩阵,量子态仍会变化,这个变化通常为由环境决定的弛豫过程.有两种常见弛豫,即横向弛豫与纵向弛豫.以单比特核磁共振系统为例,假设静磁场在 z 方向,则在热平衡态由于和静磁场的相互作用,核自旋沿着磁场方向排列,量子比特不同能级上的概率分布服从玻尔兹曼分布.这时,自旋的 z 分量非零,x,y 分量为零,即$\langle\sigma_z\rangle\neq0$,$\langle\sigma_x\rangle=0$,$\langle\sigma_y\rangle=0$.若通过加脉冲控制,使得自旋旋转到 x-y 平面,则$\langle\sigma_z\rangle=0$,$\langle\sigma_x\rangle\neq0$,$\langle\sigma_y\rangle\neq0$.这时,横向弛豫使得$\langle\sigma_x\rangle$和$\langle\sigma_y\rangle$趋向于零;而纵向弛豫使得$\langle\sigma_z\rangle$发生变化,使量子态趋向于由环境温度决定的热平衡态.这两种弛豫都有其特征时间,分

别为 T_2 和 T_1. T_2 是 $\langle\sigma_x\rangle$ 和 $\langle\sigma_y\rangle$ 减少到初始值 $1/e$ 所需的时间,T_1 是从 $\langle\sigma_z\rangle = 0$ 恢复到其热平衡态强度的 $1-1/e$ 所需的时间.如图 1.5.1 所示.

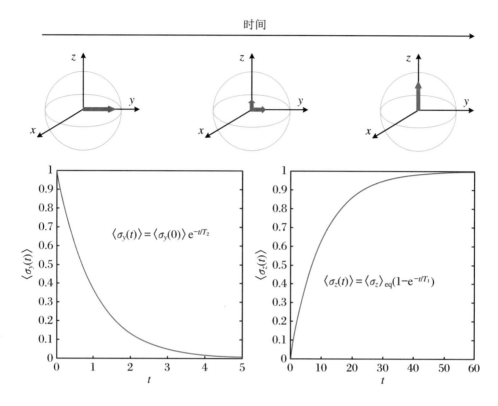

图 1.5.1 单自旋系统的横向弛豫与纵向弛豫过程

Bloch 球中的红色矢量代表了自旋的横向极化,绿色矢量代表了自旋的纵向极化.如图中所示,假设初始时刻只有横向极化存在,则随着时间流逝,横向弛豫使得横向极化逐渐变为 0,纵向弛豫使得纵向极化从 0 逐步恢复到热平衡态时的数值.下面的两个图画出了横向极化和纵向极化的变化曲线.这里假设系统处于绝对零度,则纵向极化到最后可以实现最大值 1,也就是说系统最后处于基态 $|0\rangle$.所以可以利用纵向弛豫过程来对系统进行初始化.

横向弛豫其实就是退相干过程,对量子计算来说往往是有害的,它常使纯态变为混合态,从而丢失信息、造成计算错误.纵向弛豫常被用来做量子比特的初始化,将量子比特的极化提高到环境允许的数值,即得到尽量大的 $|\langle\sigma_z\rangle|$,为后续量子计算做准备.

1.6 保真度

在态空间引入距离的概念以表示态与态之间的相似程度是十分有用的.比如通过度量施加一个量子门后得到的末态与理论预期的目标态之间的接近程度可以用来评估该量子门的实际效果.最常用的一个度量是量子态保真度.保真度反映了两个量子态的交叠程度,如果两个量子态完全一样,则此交叠程度达到最大值1,如果两个量子态是完全不同的状态,例如$|0\rangle$和$|1\rangle$,此时交叠程度达到最小值0.两个纯态φ与ϕ之间的保真度、一个纯态φ和一个混态ρ之间的保真度以及两个混态ρ与σ之间的保真度可分别表示为下面三式:

$$F(|\varphi\rangle,|\phi\rangle) = |\langle \varphi \mid \phi \rangle|^2 \tag{1.6.1}$$

$$F(|\varphi\rangle,\rho) = \langle \varphi \mid \rho \mid \varphi \rangle \tag{1.6.2}$$

$$F(\sigma,\rho) = \left(\operatorname{Tr} \sqrt{\sqrt{\sigma}\rho\sqrt{\sigma}} \right)^2 \tag{1.6.3}$$

(1.6.3)式是最通用的定义,在各自情形下可以转化为(1.6.1)式与(1.6.2)式.

1.7 量子计算机

量子计算机将信息编码于量子比特,将要解决的问题编码于量子门操作或测量上,而问题的答案就在测量后的末态.量子计算一个显著的特点就是并行性,源于量子比特的叠加特性——量子比特可以处于计算基矢的叠加态.一个量子比特可以处于两个态的叠加态,n个量子比特可以处于2^n个态的叠加态,而经典计算比特任意时刻只能处于2^n个计算基矢中的一个态上(图1.7.1).量子比特的这种特性意味着量子计算可以同时处理多个信息.量子计算机已被证明在一些问题上相对于经典计算机有显著加速,例如大数质因子分解、无序数据库搜索等(图1.7.2).

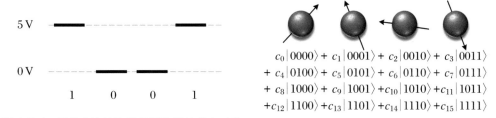

图 1.7.1　四经典比特和四量子比特的状态对比

四个经典比特只能处于一个特定的状态,例如图中所示的 1001 态;而四个量子比特可以是 16 个状态的任意叠加态.

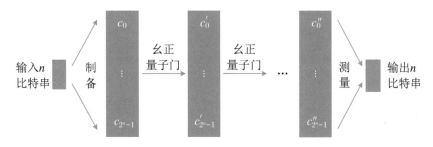

图 1.7.2　利用量子计算机实施量子算法的一般流程

系统一般会初始化在某一个基矢态,然后制备出叠加态,经过一系列幺正操作后,对系统进行测量,系统塌缩到某一个基矢态上.

量子计算机可以完成的能够显著超越经典计算机的另一个任务是量子模拟(图1.7.3).能实现量子模拟的系统通常称为量子模拟器.对遵循量子力学的微观系统来说,

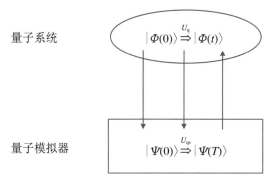

图 1.7.3　量子模拟示意图

在量子模拟器上制备出一个初态,对应于真实量子系统的初态,然后用可控的方法实现量子模拟器的演化,用来模拟真实量子系统的演化,最后测量量子模拟器的状态,从中可以得到被模拟系统的末态的有用信息.

其态空间的维数会随着系统规模的增加而呈指数增加.这意味着,如果想实现对量子系统的模拟,所需要的参数是随着系统规模而呈指数增加的.即使在当今最快的超级计算机上,也无法完成对大规模量子系统的有效模拟.在 1982 年,费曼(Feynman)提出了一个解决方法,即利用一个基于量子力学原理的计算机——量子计算机去模拟一个量子系统,这样就能自动解决存储一个量子态需要大量物理资源的难题.

量子线路模型

量子线路模型是最早提出的量子计算模型,与量子图灵机模型等价.量子线路模型也是现在最常用的量子计算模型.对于一个有 $n(n \geqslant 1)$ 个量子比特的系统,其态空间的基矢 $\{|i_1 i_2 \cdots i_n\rangle\}(i_k = 0, 1, 1 \leqslant k \leqslant n)$ 是计算基矢.为了达到某个量子计算目的,一系列经过特殊设计的量子门会依次作用于这个量子比特系统上.一个量子线路可以用一个线路图来形象地表示.在量子线路图中,量子比特状态用水平线代表,量子比特随时间的演化是沿着这些水平线从左向右进行的,量子门操作用矩形代表.以图 1.7.4 为例,一个四比特系统初始化在态 $|\psi_{\text{intial}}\rangle = |0000\rangle$ 上,这个态从线路图的最左端进入线路,依次经过门操作 U_1, U_2, U_3 和 U_4 后,变为了末态 $|\psi_{\text{final}}\rangle$ 并被输出,最后进行了单比特测量.

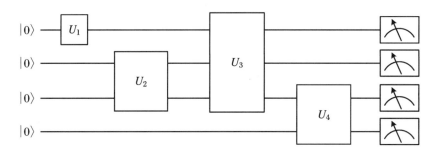

图 1.7.4 一个四比特量子线路模型

每一个比特用一根横线表示.初始状态是 $|0000\rangle$,经过了 U_1, U_2, U_3 和 U_4 共四个幺正操作后,对量子系统进行了单比特测量.

任意的量子幺正操作都可以分解成单比特门和 CNOT 门的组合.所以,如果我们能够找到有效的拆分方法,原则上,任意复杂的量子线路图都可由在实验上易实现的单比特门和 CNOT 门来实现.

量子计算原理与实践
Quantum Computing Principles and Practices

1.8 量子算法实例

人类运用算法解决问题有着悠久的历史.古希腊的欧几里得算法以及魏晋刘徽所创造的割圆术就是古老而著名的算法的例子.在中世纪,珠算家用算盘进行计算,而算术家用算术进行计算.20世纪初,经过希尔伯特、图灵、哥德尔等数理逻辑学家的努力,算法的形式化定义得以最终形成.而在算法的应用层面,伴随着电子计算机时代的到来,许多科技创新和成果依赖于算法效率的提高,如用遗传算法来解决弹药装载问题、信息加密算法在网络传输中的应用、并行算法在数据挖掘中的应用等.

抽象地看,算法就是一个在有限时间内逐步按照给定规则执行某项任务的过程.运行算法时,计算机器从一个初始状态和初始输入开始,经过一系列有限而清晰定义的状态,最终产生输出并停止于一个终态.因此,进行算法的设计与分析时,需要明确计算机器容许的状态集和规则集.例如尺规作图,只使用圆规和直尺,要在有限次操作后解决几何问题,显然圆规和直尺这样的工具限定了我们可能采取的规则.理解了这一点后,我们可以看到,无论是机械时代还是电子时代,计算都是建立于经典物理的规律之上的.然而,当我们进入更加微观的物理世界中时,整个自然界的规律变得非常不同.微观粒子的演化遵循的是量子力学,有一整套与经典物理不同的状态表示和变换法则.基于量子力学定律的计算,即量子计算,有潜力从根本上改变传统的信息处理方式,给我们带来非常不一样的算法可能性.很有名的算法之一就是无序数据库搜索算法.

无序数据库搜索算法

Grover搜索算法于1995年提出,是很早出现也是非常有名的量子算法之一,它解决的是无序数据库搜索问题.这个问题在数据处理中非常常见.比如,一个老师在一个数据库中存有多个学生的个人信息,如果他想要调出李四的个人信息,经典计算机的做法往往是逐个将学生信息中的姓名与"李四"进行比对,直到找到李四的信息.这里,我们将这个问题简化如下:一个数据库存有从第1个到第 N 个球的颜色,利用函数 F 可以查看颜色值,球为绿色时,$F(x)$ 为0;球为红色时,$F(x)$ 为1.这里,x 是球的序号.如果想要找到颜色为红色的球的序号 x_0,利用经典算法的话,需要一个一个地查询(图1.8.1左),运气最差时,需要查询 N 次才能找到哪一个球是红球.这个过程的计算复杂度是 $O(N)$.

利用Grover量子算法会大大加速这个过程.由于量子具有叠加特性,可以将 N 个

数据同时存储在 $\log_2 N$ 个量子比特中,然后同时计算这 N 个数据对应的函数 $F(x)$ 的取值(图 1.8.1 右).也就是通过一次计算,就可得到所有球的颜色信息.

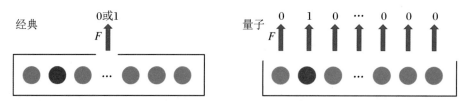

图 1.8.1　经典算法与量子算法统计球的颜色信息

当调用函数 $F(x)$ 查看数据库中所存球的颜色时,如果球的排序并无规律,经典算法需要逐个查看;利用量子算法,由于量子系统的叠加特性,只需调用一次 $F(x)$ 便可得到所有球的颜色信息.

　　然而,这些信息以相同的概率存储在量子态上,倘若量子算法就此打住,进行测量,那么量子态随机塌缩在一个本征态上,只有 $1/N$ 的概率得到红球的序号.所以,如果想要最终得到红球序号的信息,那么还需要对以相同概率含有所有球的颜色信息的量子态进行量子操作,来增大存有红球序号的态的概率(图 1.8.2).经过 $O(\sqrt{N})$ 次操作,就可以

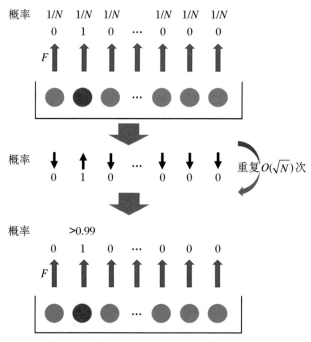

图 1.8.2　对量子态进行量子操作

所有球的颜色信息以相同的概率幅存储在量子态上,如果直接测量量子态,则只能以 $1/N$ 的概率得到正确的结果.所以需要利用量子操作,将存有正确结果的量子态的概率幅逐步增大,当正确结果的概率增加到足够大后再对量子系统进行测量.

以很接近于 1 的概率得到一个正确的结果.

图 1.8.3 是这个算法的量子线路图. 我们会在第 4 章中对 Grover 算法进行详细的讲解.

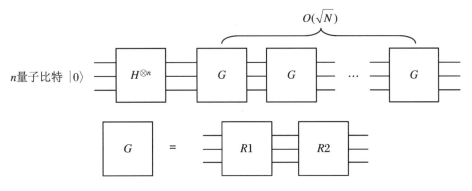

图 1.8.3　Grover 搜索算法线路图

Grover 算法将经典算法中的复杂度 $O(N)$ 减小到了 $O(\sqrt{N})$. 还有其他算法能对经典算法有指数量级的提速, 例如 Shor 质因子分解算法等. Grover 算法的重要性, 一是因为本身解决的无序数据库搜索问题就是一个很重要的问题; 二是因为这个量子算法的提出和 Shor 质因子分解算法的提出一样, 给了研究者们用量子算法解决经典算法无法有效解决的问题的希望, 极大地提高了人们对量子算法研究的热情; 三是因为从 Grover 算法衍生出了一系列利用概率幅度放大思想的算法, 这些是现今量子算法研究中的一个重要部分.

Grover 搜索算法最早是在核磁共振系统中实现的, 它也是第一个被完整地通过实验实现的量子算法. 如今, Grover 算法仍是不同量子计算平台的基准实验之一.

第 2 章

量子计算架构及平台

2.1　量子计算架构

　　为了设计一个完全可编程的量子计算机,需要图 2.1.1 这样的多层次量子计算架构.这个架构主要包含:量子软件与量子编程,量子编译与量子线路优化,量子指令集与微体系结构,量子计算物理平台.当用户执行一个量子算法时,首先利用量子编程软件描述量子算法,生成的算法描述被传递给量子编译器.根据所用的量子纠错码的不同,量子编译器将量子算法进行线路优化.接下来,经过优化的容错量子线路会被编译成用量子指令集中的指令描述.算法被编译为量子指令集语言后,微结构体系会将量子指令集语言逐步翻译为量子芯片测控系统所使用的测控信号,在这个翻译过程中,精确的时序控制、实时反馈数据处理以及最优量子控制算法都是很重要的内容.测控信号会进一步被翻译为具体的脉冲,比如超导系统需要的微波脉冲,被发射给量子芯片.经过这样一个过程,就实现了用户到量子芯片、经典到量子的一个完整的控制链.

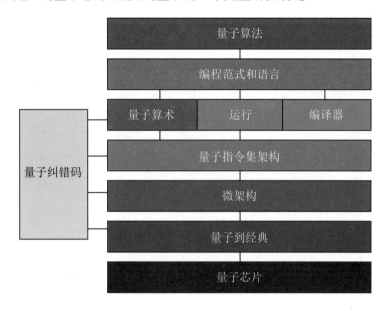

图 2.1.1　量子计算架构

2.1.1　量子软件和量子编程

　　量子硬件设计与制造技术的飞速发展使得人们已经开始乐观预测上百个量子比特的特定用途的量子计算机有望在 5～10 年内出现.另一方面,传统计算机科学研究和发展的经验充分说明,要发挥量子计算机的超强计算能力,量子软件是必不可少的关键因素.量子软件就是能在量子计算机上使用的软件,或者说能编程量子算法的软件.

　　量子算法是量子计算中最重要的问题.特别是,针对经典计算中还难以解决的一些关键问题,在量子计算机上实现的量子算法可以解决,例如在时间或空间复杂性方面比经典计算机具有明显优势. 在 Shor 的大数分解多项式时间量子算法发现之前,有 Deutsch-Jozsa 量子算法以及 Bernstein、Vazirani 和 Simon 等学者的重要工作,之后有 Grover 的平方根时间加速的量子搜索算法(是对经典搜索算法的平方根改进).Harrow、Hassidim 和 Lloyd 发现了求解线性方程组的对数时间的量子算法,这比目前最好的经典计算的时间复杂度有指数级的改进.在量子算法设计的相关问题上,很多学者开展了大量深入的工作.这包括量子游走、元素区分、量子绝热算法、求解 Pell 方程的量子算法等.

由于量子算法与经典算法非常不同,因此量子编程语言也与经典编程语言非常不同.量子编程语言是实现量子算法、充分发挥量子计算优势的关键.目前国际上已经出现了好几种量子编程语言,例如 QCL、Q|SI⟩、Q language、Quipper、LIQUi|⟩、Q♯ 等.

目前已有多个研究机构或公司开发量子编程软件,例如 IBM 开发的 Qiskit,ETH Zurich 开发的 ProjectQ,Rigetti 开发的 Forest 等.在这些不同的量子编程软件中,Python 语言常被用来创建、编辑量子线路.图 2.1.2 是利用 Qiskit 创建量子线路的一个实例.

早期的量子软件研究集中在量子编程语言的开发上,而忽略了量子软件的生命周期中的其他部分.近些年,针对量子软件调试(debug)、复用(reuse)等领域的研究也逐渐多了起来.

2.1.2 量子编译与量子线路优化

和经典计算一样,我们不仅需要同时设计适合于量子计算机运行的低阶量子汇编语言和适合于编程与分析的高阶量子语言,还需要能把高阶语言转化成低阶语言的量子编译器.上一部分介绍的量子软件大多也包含了量子编译与量子线路优化功能.量子线路优化的作用之一就是减少多比特门的个数.由于实际的量子系统中往往并不是所有量子比特之间都具有相互作用,因此要实施任意一个两比特门,通常需要通过在不同的量子比特之间实施 SWAP 门来实现.所以量子编译器需要根据量子系统的拓扑结构进行优化,以减少 SWAP 门的个数,进而提升量子计算的整体表现.

2.1.3 量子指令集和微体系结构

在传统电子计算机的发展历程中,体系结构扮演着举足轻重的作用.例如,冯·诺依曼体系结构实现了存储程序原理;通过将控制功能数据化,诞生了指令与程序,实现了计算机的通用化和自动化.相比而言,没有使用存储程序原理的早期电子计算机 ENIAC,每次修改程序都需要人工更改系统中的电路连线,修改一次程序平均大约需要两周时间.当前的计算机体系结构研究已经广泛涵盖计算机系统的设计、实现等方方面面.2017年 ACM 图灵奖就颁给了两位计算机体系结构领域的科学家——John L. Hennessy 和 David A. Patterson.

```
[1]: from ibm_quantum_widgets import CircuitComposer
from qiskit import QuantumRegister, ClassicalRegister, QuantumCircuit
from numpy import pi

qreg_q = QuantumRegister(3, 'q')
creg_c = ClassicalRegister(3, 'c')
circuit = QuantumCircuit(qreg_q, creg_c)

circuit.h(qreg_q[0])
circuit.swap(qreg_q[0], qreg_q[1])
circuit.cx(qreg_q[1], qreg_q[2])
circuit.measure(qreg_q[2], creg_c[2])

editor = CircuitComposer(circuit=circuit)
editor
```

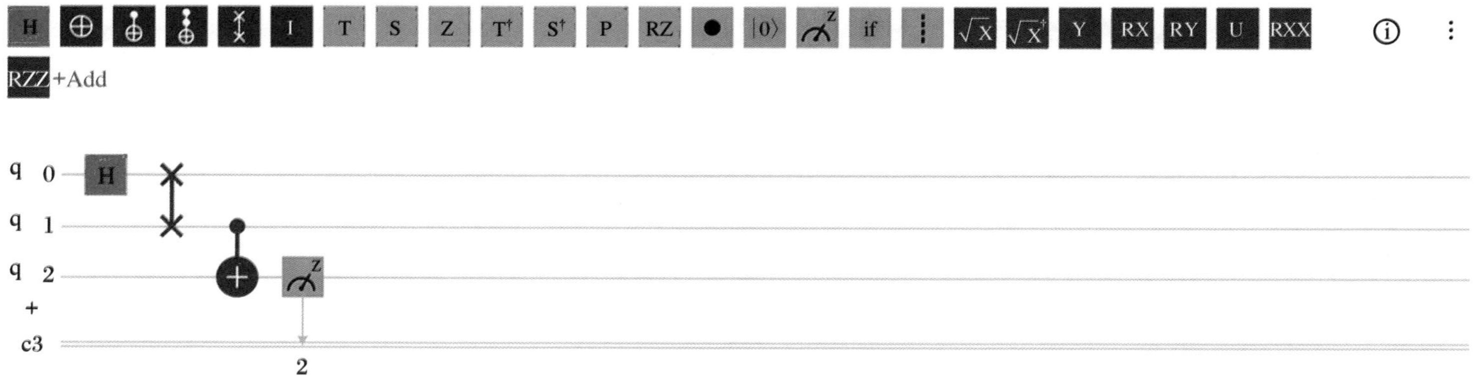

图 2.1.2 在IBM量子云平台上利用Qiskit创建一个量子线路
（资料来源：https://quantum-computing.ibm.com/）

与传统计算机一样,体系结构对构建量子计算机来说也非常重要.量子指令集和微体系结构是链接量子软件和硬件的桥梁.微体系结构起到承上启下的作用,为顶层软件系统提供指令集,为底层物理系统提供控制信号;同时,微体系结构中的设备相关部分运行量子控制算法(不同类型的物理系统需要不同类型的控制算法),生成所需的具有精确时序的控制信号并执行实时量子错误检测及纠正.指令集和实现指令集的控制微体系结构,负责组织、操控和管理物理系统,屏蔽了底层物理系统的细节与差异,使得软件系统能操控各种不同的物理体系.同时为了减少硬件所需内存、增加控制灵活性等,控制序列的逐级编译也需要经过设计、优化,例如怎样实现序列循环,脉冲波形怎样实现存储、调用等.量子优化控制算法的具体实施也会结合在微体系结构中,例如可利用优化算法设计出具有针对环境噪声鲁棒性的脉冲或设计出将硬件传递函数考虑在内的脉冲等.量子指令集也有多家机构开发,例如 Rigetti 开发的 Quil,Xanadu 开发的 Blackbird,IBM 开发的 OpenQASM,TUDelft 开发的 cQASM.

2.2 量子计算物理平台

2.2.1 超导量子计算

毫无疑问,超导线路是当前量子计算机众多备选平台中最炙手可热的一个.除了百花齐放的学术界外,包括谷歌、IBM、阿里巴巴等 IT 巨头和 Rigetti、本源量子、量旋科技等在内的新兴公司均把宝押到了超导量子计算上,印证了大家对超导线路最终率先"撞线"的信心.2019 年,随着谷歌公司的超导量子计算团队在《自然》上发文,宣布人类首次实现"量子优势"(quantum supremacy),更是点燃了整个量子计算的学术界和产业界的热情."量子优势"实验的目的是寻找并实现一个计算任务示例,使得当前最强大的超级计算机都无法媲美量子计算机的运算速度.最终,在首席科学家 Martinis 教授的带领下,谷歌团队在包含 53 个量子比特的超导芯片上演示了随机量子线路生成的算法,证实其运算时间仅需 3 分 20 秒.与之相比,世界排名第一的超算需要 1 万年才能完成同样的计算.这是人类第一次认识到量子计算的强大威力.这个消息也迅速霸占了各大权威媒体的头条,激发了人们对量子计算机研制的信心.

那么,超导量子计算的基本原理是什么呢? 这个问题说起来并不复杂.在前面的介绍中,我们知道量子计算机的基本单元是量子比特,在物理机制上需要一个可处于叠加状态的二能级系统.那么,考虑中学学过的 LC 振荡电路.我们知道,在 LC 电路中,一旦电流的方向已知,电感器中所产生的磁通量的方向就可以借助右手定则确定,如图 2.2.1所示.如果电流反向,那么磁通量的方向也会反向.在经典 LC 电路中,虽然磁通量的方向会呈现周期性振荡,但同一时刻其只能存在一个确定的取向.

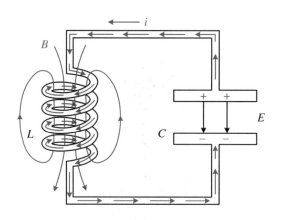

图 2.2.1　经典 LC 电路中的电流、电场、磁场

在微观量子世界中,我们知道物质的状态是用波函数描述的,是可以处于叠加状态的.如果我们把 LC 电路器件做的足够小,同时放入超低温环境中来抑制经典的热噪声,这时它就会呈现量子叠加现象,例如逆时针和顺时针的电流方向可以同时存在,也就是磁通量可以同时具备两个取向.进入量子力学统治领域的 LC 电路器件为实现量子比特提供了不同于原子、光子等系统的一种可能.由于此时的 LC 电路器件放入了超低温环境(超导量子计算系统的超低温环境由稀释制冷机提供,图 2.2.2 为稀释制冷机的内部),整个电路会呈现超导现象,电阻突变为 0,器件不会发热,因此我们把这种量子计算的物理实现叫作超导线路量子计算,简称超导量子计算.在低温超导体中,电子能结合成为库珀对(Cooper pairs).库珀对形成的凝聚体的势能是具备量子属性的变量,可以通过宏观调控电感和电容等来改变,提供设计、构建量子比特的方法.同样地,该势能也可以通过电信号被快速改变,提供完善的量子控制方法.因此,这些设备类似于经典的高速率集成电路,通过现有技术很容易制造出来.

通过类比在势场中的单粒子量子力学体系,超导量子比特背后的物理原理可以被简单地解释.首先,一个常规的 LC 振荡电路提供了一个量子谐振子.通过电感的磁通 Φ 和电容板上的电荷 Q 满足对易关系$[\Phi,Q]=i\hbar$,因此 Φ 和 Q 可以分别类比为单粒子量子系统中的位置和动量.从而动力学由"势"能 $\Phi^2/(2L)$ 以及"动"能 $Q^2/(2C)$ 决定,这导出了著名的量子化谐振子等距能级,也就是说系统有无数个能级且间距相等.然而,我们需要的是两个能级来做量子比特,这就需要非简谐性,它可以从超导量子比特的一个关键部件——约瑟夫森结(Josephson junction)中得到.约瑟夫森结是一个分离超导不同部分的薄绝缘层.穿过结的隧穿电荷量子化给 $\Phi^2/(2L)$ 这样一个抛物线函数的势能带来了一个幅值为约瑟夫森能量 E_J 的余弦函数项.最终,非简谐的势能中能量最低的两个能级形成一个量子比特.如图 2.2.3 所示.

图 2.2.2　稀释制冷机的内部

一般来说,量子比特的激发频率被设计为 $5\sim10$ GHz,这对于抑制低温稀释制冷机(温度 T 约 10 mK;$k_B T/h \approx 0.2$ GHz)中的热效应是足够高的,同时这个频段的微波技术比较成熟.单比特门可以用持续时间 $1\sim10$ ns 的共振微波脉冲来实现,这些脉冲通过芯片上的微波传输线传到局域的量子比特.相邻的量子比特很自然地通过电容或者电感直接耦合在一起,这提供了简单的两比特量子逻辑门.然而,对于大规模的量子计算机架构,我们需要更多的可调节耦合方案.为了打开和关闭量子比特间的相互作用,通过可调耦合器调节的间接耦合被发展了出来.同时,可调耦合的量子比特在绝热量子计算中的应用也处于研究当中.

量子计算原理与实践
Quantum Computing Principles and Practices

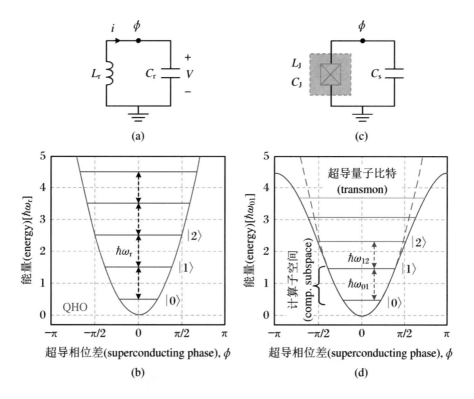

图 2.2.3　LC 电路与能级结构

左图为 LC 电路以及简谐量子谐振子的能级结构.右图为在 LC 电路中加入了约瑟夫森结,以及加入这个器件后的系统能级结构.可以看出,能级间隔不再相同,最低的两个能级可以用来做一个量子比特.(资料来源:Appl. Phys. Rev.,2019,6:021318)

　　高保真度的读出方案也在发展之中.在临界电流时,约瑟夫森结的转变行为已经被广泛用于两比特状态的阈值鉴别.另一个也被看好的前景是量子非破坏性测量的演示,它指的是一个量子比特为传输线中的电磁波提供了一种基于态的相移.现在约 95% 的高保真度读出以及在十几个纳秒内的量子非破坏性读出已经被实现了.

　　目前,国外开展超导量子计算研究的公司主要包括谷歌、IBM、初创公司 Rigetti 等,大学则包括耶鲁大学、加州大学圣塔芭芭拉分校、麻省理工学院等.国内布局超导量子计算的公司包括阿里巴巴、本源量子和量旋科技,高校和科研院所包括中国科学技术大学、清华大学、南京大学、南方科技大学、中国科学院物理研究所等.

2.2.2　离子阱量子计算

离子阱(图2.2.4)量子计算是另一条热门的量子计算路线.简单来说,离子阱量子计算的主要原理是将离子囚禁在由电磁场制造的势阱中,例如,单个离子可以利用附近电极适当的电场以纳米级的精度限制在自由空间中.量子比特由离子不同的电子态实现.量子比特的初始化由光泵浦和激光冷却实现,利用激光诱导的荧光实现高精度的测量.对单比特的操作由激光来实现,两比特控制门由离子集体振动模式承载的自旋耦合实现.1995年,Cirac和Zoller首次提出了形成纠缠量子门的这种相互作用的最简单实现形式,并在同一年晚些时候进行了实验验证.

图2.2.4　离子阱示意图

(资料来源:Quantum Inf Process,2016,15:5351-5383)

但是,如果考虑到增大离子阱系统规模,当大量离子参与整体运动时,这种纠缠门的实现将变得困难:激光冷却效率降低,离子对噪声电场和运动模式的退相干更加敏感,并且密集堆积的运动模式可能通过模式串扰和非线性破坏量子门.一个有潜力突破这些困难的方案是利用离子阱电极施加可调控的电力来控制单个离子在复杂离子阱结构的不同区域穿梭.这样,纠缠门只需要操控数目很少的离子.

另一种增加离子阱比特数的方法是将多个小规模的离子阱系统通过光相互作用耦合在一起,这种方法提供了一个可以轻松跨越远距离的通信信道的优点.目前,原子、离子已经通过这种方式实现了宏观距离的纠缠.这种方式与概率性线性光学量子计算类似,但是,这里的离子阱系统可以发挥量子中继的作用,使得系统能更有效地扩大到长距离通信.另外,这样的系统还可以把分布式概率量子计算扩展到更大的量子比特数目.

对于离子阱体系,量子比特相干时间比初始化、多比特控制和测量时间大很多个数量

量子计算原理与实践
Quantum Computing Principles and Practices

级,这是离子阱系统的一个很大的优势.在未来的离子阱量子计算机中,最关键的挑战在于如何将在少比特系统中已经实现的高保真度操作推广到多比特和结构更加复杂的系统.

目前,国外开展离子阱量子计算研究的公司主要是 IonQ,大学则包括马里兰大学、杜克大学、因斯布鲁克大学等.国内开展离子阱量子计算研究的高校和科研院所包括中国科学技术大学、清华大学、国防科技大学、中国科学院武汉物理与数学研究所、南方科技大学、中山大学等.

2.2.3 金刚石色心量子计算

金刚石 NV 色心系统(图 2.2.5)同时利用核自旋和电子自旋进行量子计算.其量子控制可以通过激光或微波实现.量子比特的初始化由激光泵浦实现.该系统在常温下就可以工作,在量子计算、量子信息、量子精密测量等多个领域都有很好的应用前景.

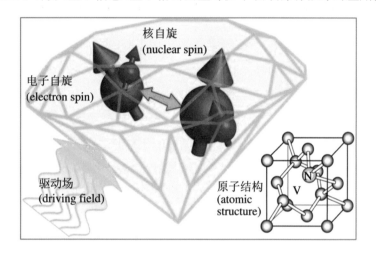

图 2.2.5 金刚石色心系统示意图
(资料来源:https://physics.aps.org/articles/v4/78)

具体来说,金刚石中的 NV 色心由一个 C 原子被 N 原子替代以及相邻位置一个 C 原子的缺失产生的空位组成(图 2.2.6).自然状态下,NV 色心具有两种电荷态——电中性和带负电荷.目前,由于带负电荷的 NV^- 便于制备、操控、读出,对其本身及其应用的研究也最为广泛和深入,故用于量子计算研究的主要是 NV^-.

对于 NV^-,氮原子、空位周围的 3 个碳原子共有 5 个未成键电子,再加上俘获的电子,共有 6 个电子.我们在实验中可以认为其等价于一个自旋为 1 的电子,NV^- 的基态和

激发态的电子态均为自旋三重态.选取基态中的两个态(例如$|m_S=0\rangle$和$|m_S=-1\rangle$),就可以构建一个量子比特.即使在不施加外磁场的情况下,由于自旋之间的相互作用,基态的三重态也会分裂成$|m_S=0\rangle$和$|m_S=\pm1\rangle$两个能级,其零场劈裂为2.87 GHz.因此,我们可以通过施加与其共振的微波进行操控.

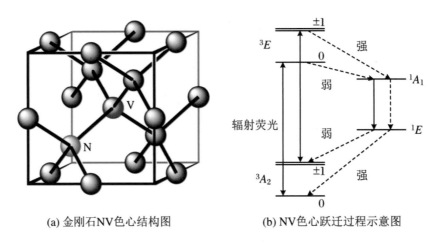

(a) 金刚石NV色心结构图　　　　(b) NV色心跃迁过程示意图

图 2.2.6　金刚石 NV 色心结构图与 NV 色心跃迁过程示意图

除了这样形成的电子自旋比特外,色心的^{14}N(^{15}N)原子也可以作为一个自旋为 1 (1/2)的核自旋量子比特,若在色心周围存在^{13}C 原子,同样可以作为自旋为 1/2 的量子比特,这是目前基于 NV 色心实验体系来扩展量子比特的主要手段.

要进行量子计算,量子体系不仅要具备可操控的量子比特,还要能够初始化以及读出其状态.对于 NV 色心,其电子自旋是通过激光实现初始化和读出的.在室温下,我们一般使用 532 nm 的激光去将 NV$^-$激发至激发态.当处于激发态时,有两种路径可以回到基态.第一种是辐射 637~750 nm 的荧光,由激发态直接跃迁回基态;第二种则是经过中间态回到基态.对于第二种情况,自旋是不守恒的,且不会辐射 637~750 nm 的荧光.值得注意的是,如果 NV 色心的电子在激发前处于$|m_S=\pm1\rangle$自旋态,被激发到第一激发态之后,其将更倾向于通过中间态回到基态$|m_S=0\rangle$的自旋态.如果 NV 色心的电子在激发前处于基态$|m_S=0\rangle$的自旋态,它会有更大的概率沿着辐射跃迁的路径,释放荧光后直接回到基态$|m_S=0\rangle$的自旋态.所以经过这个过程,电子在$|m_S=\pm1\rangle$上的布居度将不断减少,在$|m_S=0\rangle$上的布居度将不断增大.由此,我们可以实现将色心电子自旋初始化到$|m_S=0\rangle$态上.同样,读出量子态时我们也会用到上面的性质,通过荧光强度可以判断出电子自旋跃迁回基态时经历的路径.同时结合所知的处于不同自旋态的电子自旋跃迁时选择路径的倾向也不同,可以得出结论:NV 色心在不同自旋态时,对应的辐射荧

光强度不同,由此可以区分色心的自旋态.

　　NV 基态自旋具有固体中任何电子自旋中最长的室温单自旋退相干时间(T_2),在某些样品中大于 1.8 ms.所以,NV 色心体系由于其比较成熟的操控技术、较长的退相干时间,成为了很多科研组在实验体系下实现量子算法的选择,也是未来实现常温固态量子计算颇有希望的平台之一.

　　目前,国外开展金刚石色心量子计算研究的大学包括荷兰代尔夫特理工大学、芝加哥大学等.国内开展金刚石色心量子计算研究的高校和科研院所包括中国科学技术大学、清华大学、华中科技大学、南方科技大学等.

2.2.4　核磁共振量子计算

　　核磁共振量子计算中量子比特为静磁场中的核自旋.自旋向上和向下的两个状态是比特的 0 和 1.单比特量子门操作由射频电磁波实现.射频电磁波的频率和核自旋在静磁场中的拉莫频率相同,用以控制核自旋在 0 态和 1 态之间的变换.两比特量子门操作是利用不同核自旋之间的耦合结合射频电磁波来实现的.

　　核磁共振体系是人们研究最早的量子计算体系.早在 1938 年,Rabi 发现了著名的 Rabi 振荡现象:位于磁场中的原子核会沿着磁场方向呈正向或反向平行排列,在施加射频场之后,这些原子核的自旋方向则会发生翻转.之后,Bloch 和 Purcell 于 1946 年发现处于外磁场中的特定核自旋会吸收特定频率的射频场能量.这是人类对于核磁共振现象最早的认识.经过几十年的发展,核磁共振已经在化学、医疗等领域有了诸多应用,并且成熟的操控技术使人们可以精确操控核磁共振中耦合起来的二能级量子系统.在量子计算概念被提出后,核磁共振也作为各个量子计算潜在方案中操控比特数最多、操控精度最高的方案而被广泛研究.

　　从目前的实验进展来看,核磁共振量子计算已经非常成熟,这为那些较为复杂的量子算法提供了一个很好的演示平台.目前,国外开展核磁共振量子计算研究的大学包括加拿大滑铁卢大学、德国多特蒙德大学等.国内开展核磁共振量子计算研究的企业主要是量旋科技,还有高校和科研院所,包括南方科技大学、中国科学技术大学、清华大学等.

2.2.5　硅基量子点系统

　　近些年,硅基量子点量子计算系统被广泛研究.硅基量子点系统种类较多,可大致分为两类,一类是利用静电量子点中的电子自旋作为量子比特,另一类是利用植入硅基的杂质原子核自旋和它附近的电子自旋作为量子比特.实现单比特门的方式也比较多,主要包括利用微波控制自旋比特、利用自旋轨道耦合和电场控制自旋比特(EDSR)等.两比特门可以利用交换相互作用(exchange interaction)、库仑相互作用或者通过谐振腔耦合等.而自旋量子态的读出,主要是将自旋态信息转换成电信号,然后用电荷传感器测量.

硅基量子点比特可以根据需要进行设计和排列,具有很好的扩展性.得益于半导体工业的发展,制备硅基量子点所需的微纳加工技术大多已比较成熟.而这个方案的缺点在于:由于量子点比特与环境耦合自由度比较多,因此具有较短的相干时间.近些年,通过减少基底硅材料中的核自旋以给量子比特提供更纯净的环境,研究者们已经大大提高了量子点比特的相干时间,能达到数毫秒量级.尽管目前该系统的比特数目少于超导比特系统和离子阱系统,但是研究者们对这个系统的前景还是比较乐观的,认为其在近期将会有迅速的发展.

2.3 量子计算云平台

随着量子信息技术的高速发展,我们预计在不久的将来每个人都可以使用到量子计算.当然,量子计算机短时间内并不会出现在大众手上.量子计算机并不会取代传统的计算机,而是对传统的计算机进行补充.量子处理器与经典处理器将会一同工作来解决人们手头上的计算问题.所以,在将来的一段时间内,更可能的是我们使用特定的软件通过云服务来访问量子计算机.依托于经典信息网络,提供量子计算硬件与软件等普惠服务的量子云计算,成为量子计算呈现与发展非常重要的形式之一.量子计算云平台是将来很长一段时间内我们使用量子计算的一个不可或缺的载体.

2016年,IBM公布了他们的量子云平台——IBM Quantum Experience.IBM宣布其将致力于建设商业化可行的通用量子计算系统,IBM Quantum Experience量子系统和服务将通过IBM云平台提供,旨在处理传统计算机无法处理的复杂的科学运算难题.首个有望投入实际研究应用的领域就是化学领域,可用于研制新药和材料等.目前,用户通过IBM Quantum Experience可以控制多达16位量子比特的超导量子比特系统.IBM在构造量子云的同时,也深入地考虑了量子软件,比如量子程序设计等问题,为此他们推出了量子软件开发平台Qiskit,便于用户创建量子程序和使用他们的量子云服务.

除IBM以外,全世界还有其他一些典型的量子计算云平台.

作为全球最大的云计算提供商,2019 年 12 月,亚马逊(Amazon)正式进军量子云计算,宣布推出全新的全托管式 Amazon Web Services(AWS) 解决方案——Amazon Braket. Braket 量子计算云平台后端可连接多种第三方量子硬件设备,如 IonQ 的离子阱量子设备、Rigetti 的超导量子设备以及 D-Wave 的量子退火设备.它为研究者和开发人员提供设计量子算法的开发环境、测试算法的仿真环境和对比三种类型的量子计算设备运行量子算法的平台.因此 Braket 的优势在于研究者和开发人员可以更全面地探索量子计算复杂任务设计.

微软(Microsoft)目前也在量子软件开发和软件社区运营方面进行了大力的推动. 2019 年 11 月,Microsoft 正式推出开源量子云生态系统——Azure Quantum,用户可以接入 Honeywell 和 IonQ 的离子阱量子计算系统以及 QCI 的超导量子计算系统.

国内的高校和企业也推出了一些量子计算云平台,如清华大学的 NMRCloudQ、深圳量旋科技有限公司的"金牛座"、中科院与阿里云联合发布的量子计算云平台以及合肥本源量子计算公司的云平台.清华大学的 NMRCloudQ 是国际上首个基于核磁共振的量子云计算平台,包含四个量子比特,保真度超过 98%.深圳量旋科技有限公司的"金牛座"则是一款可以链接多个量子计算系统的云服务平台,目前搭载的超导核磁共振体系可以实现多达 6 个量子比特的计算任务,能极大地满足科研工作者的使用需求;同时还搭载两量子比特的桌面型核磁共振量子计算机("双子座"),可为量子计算领域的兴趣爱好者提供充足的机时."金牛座"还将实现超导量子计算系统的接入,以提供更高性能的量子计算算力.

第 3 章

核磁共振量子计算原理

3.1　核磁共振基本原理

核磁共振(nuclear magnetic resonance, NMR)最早是由 Purcell 和 Bloch 在 1946 年发现的.磁性原子核吸收电磁波能量后在不同能级间发生共振跃迁,进而产生共振吸收和发射信号.核磁共振有广泛的应用,例如研究液态、固态分子的动力学性质,确定分子结构,利用磁共振成像技术判断人体病灶等.

原子核的磁性来源于原子核的自旋.当原子核中的质子数为奇数或者原子核中的中子数为奇数时,原子核有自旋,常用符号 I 来表示.例如氢元素的三种同位素 H, D, T, 以及碳元素的同位素 ^{13}C,自旋量子数分别为 $1/2, 1, 1$ 和 $1/2$.有自旋的原子核就有自旋磁矩,常用符号 μ 来表示.μ 和 I 的关系如下:

$$\mu = \gamma I \tag{3.1.1}$$

这里的 γ 称为旋磁比,每种核自旋的旋磁比均不相同(表3.1.1).如果将原子核置于外部磁场中,原子核的自旋磁矩就会与磁场发生相互作用.对单个原子核磁矩的测量目前来说还比较困难,但是当原子足够多时,所有原子核的自旋磁矩对外磁场的影响经过累加就可以被观测到.这样的由很多原子核构成的一个整体,我们称为系综.

表 3.1.1　不同核自旋的旋磁比

原子核	自旋	旋磁比(MHz/T)
^{1}H	1/2	42.577
^{2}H	1	6.536
^{13}C	1/2	10.708
^{19}F	1/2	40.078
^{29}Si	1/2	-8.465
^{31}P	1/2	17.235
^{15}N	1/2	-4.316

如果我们把原子核的自旋磁矩类比于小磁针,那么它在磁场中的能量可以按照下式计算:

$$E_{\mathrm{mag}} = -\mu B \tag{3.1.2}$$

上式中的负号表示当磁矩方向与磁场方向相同时能量较低.所以,在热平衡状态下,所有核的磁矩都趋向于沿着外界静磁场的方向排列.如果对此时的样品施加射频磁场,只要频率、功率、方向合适,核自旋磁矩就会离开外磁场的方向,与外磁场有一定的夹角,并会绕着外磁场的方向做进动(precession).这个进动的频率 ν 通常称为拉莫(Larmor)频率,与外磁场的强度 B_0 和核自旋的旋磁比 γ 有关系,即 $\nu = \gamma B_0$.做进动的原子核磁矩会产生变化的磁场,而大量的原子核磁矩产生的变化磁场会在样品附近的探测线圈中诱导出以拉莫频率振荡的电流,通过对这个电流数据的分析,就可以得到整个原子核系综磁矩的信息.核磁共振谱仪(图 3.1.1)就是为样品提供静磁场、对样品施加射频脉冲(RF 脉冲)以及探测感应电流的仪器.

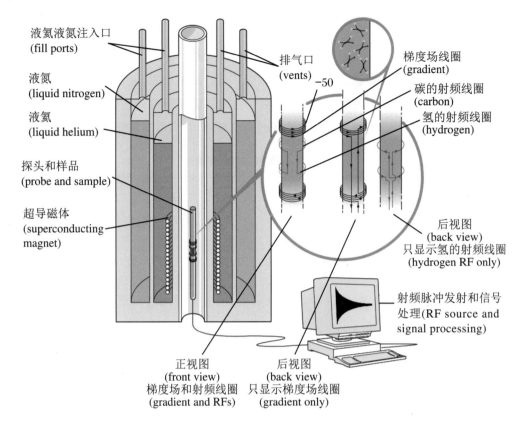

液氦液氮注入口 (fill ports)

液氮 (liquid nitrogen)

液氦 (liquid helium)

探头和样品 (probe and sample)

超导磁体 (superconducting magnet)

排气口 (vents)

−50

梯度场线圈 (gradient)

碳的射频线圈 (carbon)

氢的射频线圈 (hydrogen)

后视图 (back view) 只显示氢的射频线圈 (hydrogen RF only)

射频脉冲发射和信号 处理(RF source and signal processing)

正视图 (front view) 梯度场和射频线圈 (gradient and RFs)

后视图 (back view) 只显示梯度场线圈 (gradient only)

图 3.1.1　超导磁体核磁共振谱仪示意图

(资料来源：Laflamme R，Knill E，Cory D G，et al. Introduction to NMR quantum information processing. Los Alamos Science，2002，27：226)

超导磁体为核磁共振样品提供强磁场，样品被放置在探头线圈中，探头线圈可以对样品施加射频脉冲（RF 脉冲），并可以用来探测感应电流.

3.1.1　核磁共振系统哈密顿量

前面介绍过，如果对处于热平衡态的核自旋施加合适的射频脉冲，就可以使核自旋离开 z 轴方向，并做拉莫进动，进而可以被观测到.那么什么样的脉冲是合适的脉冲？拉莫进动的微观图像又是什么样的？下面我们从哈密顿量的角度来认识核磁共振系统.

在第 1 章中，我们介绍了量子系统的演化遵循薛定谔方程.任何真实的核磁共振样品都包括了大量的电子和原子核.原则上整个样品的系统演化由以下含时薛定谔方程描

述，即

$$|\dot{\psi}_{\text{full}}\rangle = -\mathrm{i}H_{\text{full}}|\psi_{\text{full}}\rangle \tag{3.1.3}$$

这里整体哈密顿量 H_{full}包含了所有电子、原子核以及磁场之间的相互作用(这里省略了 $\hbar$).尽管上面的方程是完备的,但实际上无法研究这么复杂的动态方程.为了简化问题,在核磁共振系统中,只考虑核自旋部分,而电子的影响则以平均的效应包含在核自旋哈密顿量里.这就是所谓的自旋哈密顿量假设.因此有

$$|\dot{\psi}_{\text{spin}}\rangle \simeq -\mathrm{i}H_{\text{spin}}|\psi_{\text{spin}}\rangle \tag{3.1.4}$$

从上式可以看出,要想足够好地描述核自旋的动力学行为以及实现精确的量子控制,必须能够给出 H_{spin}的具体形式.为了方便起见,以后一律简写为 H.自旋哈密顿量 H 由外部哈密顿量和内部哈密顿量组成.外部哈密顿量主要由外加磁场产生,如静磁场、射频场和梯度场.内部哈密顿量主要包括化学位移、偶极-偶极耦合和J耦合.由于这里主要考虑自旋数为1/2的情形,因此四偶极作用可以暂时忽略.下面我们逐项介绍哈密顿量中的各项相互作用,见表3.1.2和图3.1.2.

表3.1.2　自旋为1/2的核磁共振系统中存在的各种形式的哈密顿量

类型		意　义
H^{Z}	塞曼(Zeeman)	核自旋与外部静磁场的相互作用
H^{CS}	化学位移	核自旋与其周围电子云诱导出的磁场的相互作用
H^{J}	J耦合	核自旋间的两体相互作用,通过化学键传递
H^{DD}	偶极耦合	核自旋间的磁偶极相互作用
H_{rf}	射频哈密顿量	核自旋与外加的射频场间的相互作用
H'	随机哈密顿量	局部、随机涨落哈密顿量,主要由分子空间自由度的热运动产生,宏观上导致非幺正弛豫效应
	其他哈密顿量	其他因素例如静磁场不均匀性、射频场不均匀性等导致的哈密顿量

静磁场

核磁共振量子系统与静磁场的相互作用是该系统中的主导相互作用.核磁共振系统中的静磁场 B_0 主要通过超导线圈或者永磁体产生,其大小保持不变,通常是在1T量级以上的强磁场.在实验室坐标系下,一般约定静磁场 $\boldsymbol{B}_0$ 的方向为 z 轴方向.因此静磁场可以写为 $\boldsymbol{B}_0 = B_0\hat{z}$,其中 $\hat{z}$ 为z 方向的单位矢量.静磁场使得核自旋能级发生塞曼分裂,其哈密顿量为

$$H_j^z = -\gamma_j B_0 I_z^j = -\omega_j I_z^j \qquad (3.1.5)$$

这就是(3.1.2)式的哈密顿量形式,其中 γ_j 为第 j 个核自旋的旋磁比,$\omega_j = \gamma_j B_0$ 为拉莫频率.由于塞曼分裂作用,自旋为 1/2 的核磁共振系统具有两个本征能级,记为 $|0\rangle$ 和 $|1\rangle$,其能级差为 ω_i,$|0\rangle$ 状态对应于核自旋磁矩与静磁场平行,具有较低能量;$|1\rangle$ 状态对应于核自旋磁矩与静磁场反平行,具有较高能量.若要将核自旋磁矩偏离 z 轴,实际上就是使系统在两个能级之间发生跃迁,需要的能量就是两个能级之间的能级差,所以施加的射频脉冲的频率要对应于两能级差的频率.在射频脉冲哈密顿量部分,我们会更详细地介绍.

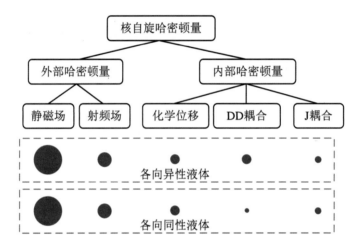

图 3.1.2　液体(自旋为 1/2)核磁共振系统的哈密顿量各个组成成分以及定性的相对大小

核自旋与静磁场的相互作用是哈密顿量中强度最大的一项.在各向同性液体中,偶极-偶极耦合作用会被平均掉,可近似看为 0.

在超导磁体核磁共振系统中,B_0 的典型值为 5～15 T,核进动频率大小在几百兆赫兹量级,跟核的旋磁比成正比,因此异核之间的拉莫频率相差很大(表 3.1.3).

表 3.1.3　在 9.4 T 静磁场下的几种常见原子核的拉莫频率(MHz)

核	^{1}H	^{2}H	^{13}C	^{15}N	^{19}F	^{31}P
$\omega/(2\pi)$	400	61.6	100.8	40.8	376	161.6

射频场

x-y 平面内的射频场 $B_1(t)$ 可以用来实现对核自旋的激发.若在接近拉莫频率附近施加以频率 ω_{rf} 振荡的射频场 $B_1(t)$,此时哈密顿量具有如下形式:

$$H_{rf}(t) = -\sum_j \gamma_j B_1 \left[\cos(\omega_{rf} t + \phi) I_x^j + \sin(\omega_{rf} t + \phi) I_y^j \right] \tag{3.1.6}$$

其中 B_1, ω_{rf} 和 ϕ 分别是射频场的幅度、旋转频率和相位. 一般来说, $\omega_1 = \gamma B_1$ 在液体核磁共振中最大可达到 50 kHz, 在固体核磁共振中可达到几百 kHz.

在实验室坐标系下, 核自旋在静磁场和射频场作用下的运动比较难形象地描述. 一般会将问题变换到绕 z 轴以 ω_{rf} 速度旋转的旋转坐标系中去. 考虑拉莫频率为 ω_0 的单自旋体系, 在旋转坐标系下, 态的变换法则为

$$|\psi\rangle^{rot} = \exp(-i\omega_{rf} t I_z) |\psi\rangle \tag{3.1.7}$$

将上式代入薛定谔方程, 可以得到旋转坐标系下的哈密顿量:

$$H_{rf}^{rot} = -(\omega_0 - \omega_{rf}) I_z - \omega_1 (\cos\phi I_x + \sin\phi I_y) \tag{3.1.8}$$

很自然地可以看出, 当 $\omega_0 = \omega_{rf}$ 满足共振条件时, 上式表示自旋与 x-y 平面内一个与 x 轴夹角为 ϕ 的静磁场 B_1 的相互作用. 那么, 类似于当自旋没有沿着 B_0 排列时可以在 B_0 作用下做拉莫进动, 自旋没有沿着 B_1 排列时也会在旋转坐标系中绕 B_1 做旋转. 倘若初始状态自旋磁矩在 z 方向, 通过施加共振的脉冲一定时间, 就可以把自旋从 z 方向转到其他方向. 上式中, 通过选取相位 ϕ 还可以实现对转动轴的调制. 而当 $\omega_0 \neq \omega_{rf}$ 不满足共振条件时, 如图 3.1.3 所示, 设偏共振频率差为 $\Delta\omega = \omega_0 - \omega_{rf}$, 则自旋绕偏离 z 方向 $\alpha = \arctan(\omega_1/\Delta\omega)$ 的角度的轴以 $\omega_1' = \sqrt{(\Delta\omega)^2 + \omega_1^2}$ 的转速运动.

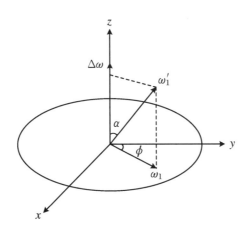

图 3.1.3　不满足共振条件时的核自旋
当射频场与核自旋拉莫频率不同时, 核自旋的转动轴由频率差 $\Delta\omega$、射频场强度 ω_1 共同决定, 偏离 z 方向的角度为 $\alpha = \arctan(\omega_1/\Delta\omega)$, 转速为 $\omega_1' = \sqrt{(\Delta\omega)^2 + \omega_1^2}$.

化学位移

在样品内,各个原子核感受到的周围电子云环境是有差别的. 核周围的电子分布及运动会产生局域的磁场. 这就是化学位移的概念,在化学上具有重要应用. 它的产生机制可看成外加静磁场 B_0 产生分子电流,而分子电流反过来产生诱导局部磁场 $B_{induced}$,从而对核自旋起到一定的屏蔽作用.

因此核自旋在外磁场下感受的总磁场为

$$B_{loc} = B_0 + B_{induced} \tag{3.1.9}$$

在较好的近似程度上,诱导场线性依赖于静磁场 B_0,有

$$B_{induced} = \sigma B_0 \tag{3.1.10}$$

其中 σ 称为化学位移张量. 典型的化学位移范围依赖于不同的原子核,比如对 ^{1}H 来说,它的范围约为 10×10^{-6}(百万分之一,核磁共振常用的频率单位),对 ^{13}C 和 ^{19}F 则约为 200×10^{-6}. 在静磁场 B_0 为 10 T 时,化学位移的值大概从几千赫兹到数十千赫兹,相比于拉莫频率的百兆赫兹的数量级来说还是非常小的. 尽管如此,具有不同化学位移的同一种核自旋在具有足够频率精度的核磁共振谱仪上还是可以被分辨出来的. 由于化学位移和分子结构密切相关,通过观测核自旋的化学位移就可以得到分子结构的信息.

偶极-偶极耦合

每个核自旋可视为一个小磁体,其周围产生的磁场依赖于该自旋的磁矩. 如图 3.1.4 所示,两个自旋通过彼此产生的磁场相互作用,即所谓的偶极-偶极耦合. 可以看出这种耦合形式完全通过空间直接传递,与第三方介质无关,所以又称偶极-偶极耦合为直接耦合. 它的相互作用可以写成

$$H_{jk}^{DD} = -\frac{\mu_0}{4\pi} \frac{\gamma_j \gamma_k \hbar}{r_{jk}^3} \left[3(\boldsymbol{I}_j \cdot \boldsymbol{e}_{jk})(\boldsymbol{I}_k \cdot \boldsymbol{e}_{jk}) - \boldsymbol{I}_j \cdot \boldsymbol{I}_k \right] \tag{3.1.11}$$

其中 μ_0 是真空磁导率,$\boldsymbol{r}_{jk} = r_{jk}\boldsymbol{e}_{jk}$ 是连接自旋 j 和 k 的空间向量.

在 z 方向高场下,上式中的非久期项被平均掉,只有久期项被保留. 对于同核系统,上式可近似为

$$H_{jk}^{DD} = -\frac{\mu_0}{8\pi} \frac{\gamma_j \gamma_k \hbar}{r_{jk}^3} (3\cos^2 \Theta_{jk} - 1)(3I_z^j I_z^k - \boldsymbol{I}_j \cdot \boldsymbol{I}_k) \tag{3.1.12}$$

$$\cos \Theta_{jk} = \hat{z} \cdot \boldsymbol{e}_{jk} \tag{3.1.13}$$

对于异核系统,(3.1.11)式可近似为

$$H_{jk}^{\mathrm{DD}} = -\frac{\mu_0}{8\pi}\frac{\gamma_j\gamma_k\hbar}{r_{jk}^3}(3\cos^2\Theta_{jk}-1)2I_z^j I_z^k \tag{3.1.14}$$

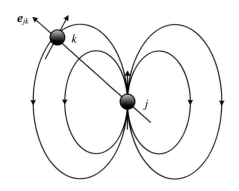

图 3.1.4　偶极-偶极耦合

每个核自旋可视为一个小磁体,其周围产生的磁场依赖于该自旋的磁矩.两个核磁矩之间的偶极相互作用取决于连接它们的空间向量.

偶极-偶极耦合相互作用大小一般为几十千赫兹左右.在各向同性液体核磁共振中,不论是分子间还是分子内的偶极-偶极耦合,由于分子的快速滚动都被平均掉了,因此可忽略不计.而在固体核磁共振中,可以通过施加多脉冲序列或者魔角旋转技术等方法来实现类似于液体的简单的哈密顿量形式.

J 耦合

J 耦合又称间接耦合,因为这种相互作用机制来源于原子间化学键中的共享电子对,来源于电子波函数的交叠产生的费米接触相互作用.其大小依赖于相互作用的原子核种类,并随着化学键数目的增多而减少.在同一分子中自旋 j 和 k 的 J 耦合相互作用完全形式为

$$H_{jk}^{\mathrm{J}} = 2\pi \boldsymbol{I}_j \cdot \boldsymbol{J}_{jk} \cdot \boldsymbol{I}_k \tag{3.1.15}$$

其中 $\boldsymbol{J}_{jk}$ 是 J 耦合张量.在各向同性液体中,J 耦合张量被分子的快速翻滚运动所平均.因而哈密顿量具有简化形式

$$H_{jk}^{\mathrm{J}} = 2\pi J_{jk}\boldsymbol{I}_j \cdot \boldsymbol{I}_k \tag{3.1.16}$$

这里,$J_{jk} = (J_{jk}^{xx} + J_{jk}^{yy} + J_{jk}^{zz})/3$,是 J 耦合张量三个对角元的平均值,称为各向同性 J 耦合或标量耦合常数.而如果体系是异核情形,则可继续应用久期近似,得到更简单的哈密顿

$$H_{jk}^{\mathrm{J}} = 2\pi J_{jk} I_z^j I_z^k \tag{3.1.17}$$

典型的 J 耦合强度通常为几赫兹到几百赫兹,例如氢氢间通过三个键的 J 耦合大小约为 7 Hz,碳氢间一键的 J 耦合大小约为 135 Hz,而碳碳间一键的 J 耦合大小约为 50 Hz.

3.1.2 单自旋及拉莫进动

前面一部分中,我们给出了核磁共振系统哈密顿量中主要的相互作用项.这一小节和下一小节,我们来具体分析一下前文所述的哈密顿量作用在单个核自旋和两个核自旋情形下的具体形式.

对于一个分子中只有一个核自旋的情形,哈密顿量中没有自旋间的相互作用项.如果暂时不考虑射频场,单自旋哈密顿量中只有与静磁场的塞曼相互作用,可以写为

$$H_0 = -\gamma B_0 I_z = \omega_0 I_z = \frac{\omega_0 \hbar}{2}\sigma_z \tag{3.1.18}$$

这个哈密顿量是一个 2×2 矩阵,有两个本征态,即 $|0\rangle$ 和 $|1\rangle$,对应的能级的能量为 $\omega_0/2$ 与 $-\omega_0/2$(省略 $\hbar$),能级差为 ω_0.这里,哈密顿量中的整体的负号被吸收在 ω_0 中.

倘若该核自旋初始态为

$$|\psi(0)\rangle = \frac{|0\rangle + |1\rangle}{\sqrt{2}} \tag{3.1.19}$$

将(3.1.18)式与初始条件代入薛定谔方程(3.1.4)中,可以解出任意一个时刻的量子态:

$$|\psi(t)\rangle = \frac{\mathrm{e}^{-\mathrm{i}\omega_0 t/2}\cdot|0\rangle + \mathrm{e}^{\mathrm{i}\omega_0 t/2}\,|1\rangle}{\sqrt{2}} = \mathrm{e}^{-\mathrm{i}\omega_0 t/2}\left(\frac{|0\rangle + \mathrm{e}^{\mathrm{i}\omega_0 t}\,|1\rangle}{\sqrt{2}}\right) \tag{3.1.20}$$

上式中的相位因子 $\mathrm{e}^{-\mathrm{i}\omega_0 t/2}$ 称为全局相位,不具有可观测效应,可以省略.这一点也可以通过考察 $|\psi(t)\rangle$ 的密度算符得出,$|\psi(t)\rangle\langle\psi(t)|$ 中全局相位会自动被消去.

我们在 Bloch 球中考察(3.1.20)式中的量子态.前文已经介绍过,在 Bloch 球中,指向正 z 方向的单位矢量代表 $|0\rangle$ 态,负 z 方向代表 $|1\rangle$ 态,正 x 方向代表 $(|0\rangle + |1\rangle)/\sqrt{2}$,正 y 方向代表 $(|0\rangle + \mathrm{i}|1\rangle)/\sqrt{2}$.$x$-$y$ 平面内与正 x 方向夹角为 ϕ 的矢量对应的态为 $(|0\rangle + \mathrm{e}^{\mathrm{i}\phi}|1\rangle)/\sqrt{2}$.由此可见,(3.1.20)式的量子态对应的矢量在 Bloch 球 x-y 平面内以

频率 ω_0 旋转(图3.1.5).由于 Bloch 球中量子态对应的矢量也是量子态自旋极化的方向,因此自旋极化也以频率 ω_0 绕 z 轴旋转.这就是拉莫进动的微观物理图像.

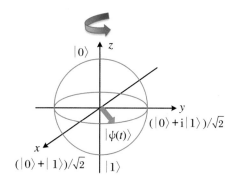

图 3.1.5　Bloch 球中的量子态

在只有塞曼相互作用情况下,单自旋量子态对应的矢量在 Bloch 球内以频率 ω_0 绕 z 轴旋转.

3.1.3　两自旋能级结构

我们考虑各向同性液体异核系统.如果分子中有两个核自旋,其哈密顿量为塞曼相互作用与 J 耦合相互作用:

$$H_0 = -\omega_0^1 I_z^1 - \omega_0^2 I_z^2 + 2\pi J I_z^1 I_z^2 \qquad (3.1.21)$$

上式中,如果 J 耦合强度为 0,$J = 0$,此时该哈密顿量的四个本征态是 $|00\rangle$,$|01\rangle$,$|10\rangle$,$|11\rangle$,对应的能级分别是 $-(\omega_0^1 + \omega_0^2)/2$,$-(\omega_0^1 - \omega_0^2)/2$,$(\omega_0^1 - \omega_0^2)/2$,$(\omega_0^1 + \omega_0^2)/2$(这里省略了 $\hbar$).这里需要指出的是,核磁共振系统中可以观测到的信号来源于单自旋的反转,所以在这个四能级系统中,可以观测到的信号是下面这四组能级之间的相干作用:$|00\rangle$ $\leftrightarrow |10\rangle$,$|01\rangle \leftrightarrow |11\rangle$,$|00\rangle \leftrightarrow |01\rangle$,$|10\rangle \leftrightarrow |11\rangle$.前两组对应的能级差是 ω_0^1,后两组对应的能级差是 ω_0^2.也就是说,在 $J = 0$ 情况下,如果将该系统制备在这四个本征态的叠加态上,上式的哈密顿量会使两个核自旋按照各自的拉莫频率 ω_0^1 和 ω_0^2 做进动.

如果 J 耦合强度不为 0,此时该哈密顿量的四个本征态仍是 $|00\rangle$,$|01\rangle$,$|10\rangle$,$|11\rangle$,但对应的能级变为 $-(\omega_0^1 + \omega_0^2)/2 + \pi J/2$,$-(\omega_0^1 - \omega_0^2)/2 - \pi J/2$,$(\omega_0^1 - \omega_0^2)/2 - \pi J/2$,$(\omega_0^1 + \omega_0^2)/2 + \pi J/2$.那么 $|00\rangle \leftrightarrow |10\rangle$,$|01\rangle \leftrightarrow |11\rangle$,$|00\rangle \leftrightarrow |01\rangle$,$|10\rangle \leftrightarrow |11\rangle$ 所对应的能级差都发生了变化,由以前的两两兼并变化为 $\omega_0^1 \pm \pi J$ 和 $\omega_0^2 \pm \pi J$.如果将该系统制备在这四个本征态的叠加态上,可以观测到的频率就由 ω_0^1 和 ω_0^2 变为了四个:$\omega_0^1 \pm \pi J$ 和 ω_0^2

$\pm \pi J$. 可以认为, 当第二个自旋为 $|0\rangle$ 时, 第一个自旋的进动频率为 $\omega_0^1 - \pi J$; 当第二个自旋为 $|1\rangle$ 时, 第一个自旋的进动频率为 $\omega_0^1 + \pi J$. 当第一个自旋为 $|0\rangle$ 时, 第二个自旋的进动频率为 $\omega_0^2 - \pi J$; 当第一个自旋为 $|1\rangle$ 时, 第二个自旋的进动频率为 $\omega_0^2 + \pi J$. 图 3.1.6 以 ^{13}C 富集的氯仿分子为例, 它含有 ^{1}H 核(黄色)和 ^{13}C 碳核(绿色), 其哈密顿量形式就如 (3.1.21)式. 它的哈密顿量的本征态、能级以及傅里叶变换谱都在图 3.1.6 中给出.

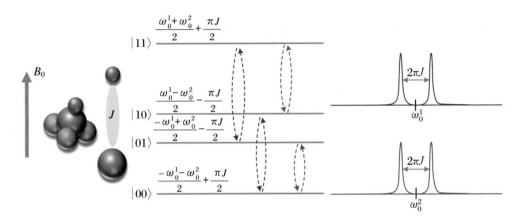

图 3.1.6　氯仿分子的能级、本征态、容许的跃迁以及跃迁对应的频率

3.1.4　纵向弛豫过程与热平衡态

在第 1 章中, 我们提到了纵向弛豫与横向弛豫过程. 在这一小节和下一小节中, 我们来简单介绍一下在核磁共振系统中这两种弛豫发生的机制.

前面两小节在讨论一个分子中有单自旋和双自旋情形下的哈密顿量时, 我们只考虑了孤立于环境之外的分子系统. 但是实际情形中, 核自旋系统是不会孤立存在的. 而且核磁共振样品中往往含有大量的分子, 是一个系综系统. 当没有磁场时, 核自旋极化指向各个方向. 由于核磁矩方向和自旋方向平行($\gamma > 0$)或反平行($\gamma < 0$), 核磁矩的方向也指向各个方向, 整体并没有净磁矩. 当施加一个外磁场 B_0 时, 所有没有沿着 B_0 排列的自旋会绕 B_0 做拉莫进动, 此时, 自旋仍指向各个方向, 整体仍没有净磁矩. 由前文讨论得知, 拉莫进动的频率正比于外磁场, 如果外磁场恒定不变, 自旋会做稳定的进动. 由于样品中有很多核自旋, 虽然所加的外磁场 B_0 固定不变, 不同自旋磁矩产生的局域场却是在不停变化的, 这就使得每个自旋感受到的总磁场会在 B_0 的方向、大小附近发生微小的变化. 由于这种变化, 每个自旋进动过程中与磁场 B_0 的夹角也会逐渐发生变化. 由于磁矩方向与

磁场方向相同时能量较低,因此在自旋进动变化过程中,更倾向于向自旋磁矩与磁场方向相同的方向变化.当经过足够长的时间后,整个样品中,自旋磁矩仍指向各个方向,然而偏向磁场 B_0 方向的自旋磁矩数目会多于其他方向的自旋磁矩,使得整个样品有磁场方向的净磁矩(如图 3.1.7 所示,这里 $\gamma > 0$,核自旋极化与核自旋磁矩平行).这个净磁矩的大小由温度、核自旋种类决定.这个经过足够长时间后的平衡态称为热平衡态,遵循玻尔兹曼分布.在这个平衡态中,任何一个粒子都在做热运动,所以任何一个核自旋感受到的局域场都在变化,使得其拉莫进动具有微小的变化,然而,作为一个整体,样品的净磁矩保持不变.这个和外场平行的净磁矩也称为纵向极化.这个从非平衡态恢复到平衡态的过程称为弛豫.在这部分里,我们讨论的是纵向极化恢复到平衡态的过程,所以又称为纵向弛豫.

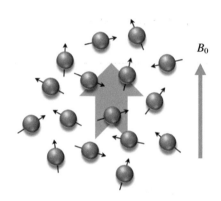

图 3.1.7 热平衡态中核磁共振系统有 z 方向的净磁矩

如果将热平衡态的大量自旋的系综密度矩阵写出来,形式如下:

$$\rho_{eq} = \frac{e^{-H_S/(k_B T)}}{\mathrm{Tr}[e^{-H_S/(k_B T)}]} \approx \frac{1}{2^n} I^{\otimes n} + \sum_{k=1}^{n} \frac{\varepsilon_k \sigma_z^k}{2} \tag{3.1.22}$$

式中,n 为一个分子中的自旋的个数,T 为温度,H_S 为系统的哈密顿量,k_B 为玻尔兹曼常数.上式还用到了高温近似 $\|H_S\|/(k_B T) \approx 10^{-5} \ll 1$.在第 1 章中,我们介绍过,自旋极化 x, y, z 方向的测量值正比于 $\langle \sigma_x \rangle$,$\langle \sigma_y \rangle$,$\langle \sigma_z \rangle$,上式的状态下,只有 $\langle \sigma_z \rangle$ 非零,也就是说只有 z 方向具有自旋极化,和上一段中分析的热平衡态有 z 方向的净磁矩是一致的.

纵向极化的恢复过程往往是 e 指数的形式.如果样品的初始状态是净磁矩为零,则当 z 方向加上一个静磁场后,其纵向极化的恢复符合下式:

$$M_z(t) = M_{eq}\left[1 - \exp\left(-\frac{t - t_0}{T_1}\right)\right] \tag{3.1.23}$$

这里，$M_z(t)$指 t 时刻的纵向磁矩，它正比于 $\langle \sigma_z(t) \rangle$；$M_{eq}$ 指平衡状态下的纵向磁矩，它正比于 $\langle \sigma_z \rangle_{eq}$；$t_0$ 指初始时刻；T_1 是纵向弛豫时间。纵向弛豫时间越大，弛豫越慢；反之，弛豫越快。如果使用某种方法，把热平衡状态下的极化旋转 $180°$，即原本朝正 z 方向的极化被旋转到了负 z 方向，那么，以此状态为初始状态的弛豫符合下式：

$$M_z(t) = M_{eq}\left[1 - 2\exp\left(-\frac{t - t_0}{T_1}\right)\right] \tag{3.1.24}$$

以上两式图像如图 3.1.8 所示。

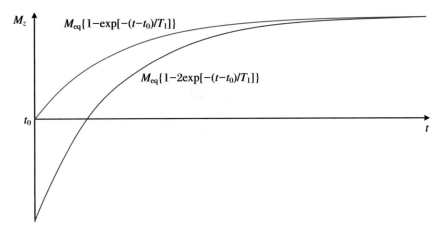

图 3.1.8　两种初始状态不同的纵向弛豫过程

以上两公式可以统一为

$$M_z(t) = M_{eq} + (M_z(t_0) - M_{eq})\exp\left(-\frac{t - t_0}{T_1}\right) \tag{3.1.25}$$

3.1.5　横向弛豫与傅里叶变换谱

直接观测核自旋的纵向极化是非常难的，原因是在磁场中，在热平衡态，电子自旋与原子核自旋一样，有一个纵向的静磁矩。电子自旋磁矩远大于原子核自旋磁矩，原子核磁矩会掩盖在电子磁矩下。

核磁共振采用了一种巧妙的方法来观测核自旋极化：采用某种方法，只将原子核的纵向极化旋转到与外磁场垂直的平面内，在这个平面内探测核自旋极化。在垂直于外磁场方向的极化称为横向极化。

当原子核的纵向极化被旋转到 x-y 平面变为横向极化后,微观上各个核磁矩的拉莫进动会体现在宏观的横向极化上,即横向极化绕外磁场方向也以拉莫频率做进动,如图 3.1.9 所示.在核磁共振谱仪中,垂直于外磁场方向的探测线圈会被用来探测横向磁矩.旋转的横向磁矩提供了一个垂直于外场的变化的磁场,会在线圈中诱导出变化的电流,这个变化的电流的频率和变化的磁场的频率相同,即拉莫频率.通过设计,探测线圈可以对具有拉莫频率的信号很敏感,这样就实现了对横向磁矩的探测.这个在线圈中被诱导出的电流会随着时间逐渐衰减,被称为自由感应衰减信号(FID).

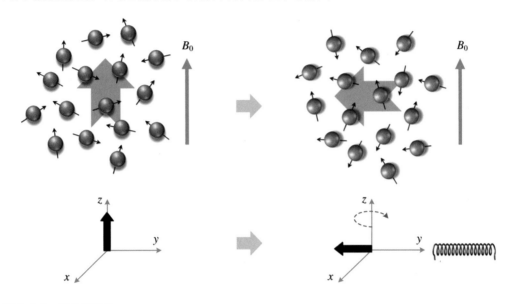

图 3.1.9　核自旋极化

当原子核的纵向极化被旋转到 x-y 平面变为横向极化后,会绕外磁场方向也以拉莫频率做进动,垂直于外磁场方向的探测线圈被用来探测横向磁矩旋转产生的变化磁场.变化磁场会在线圈中诱导出变化的电流,这个变化的电流的频率和变化的磁场的频率相同,即拉莫频率.

自由感应衰减信号会衰减,是因为刚开始的时候,各个微观核磁矩同步做拉莫进动,使得宏观横向净磁矩做拉莫进动,但是,每个微观核磁矩处由其他核自旋产生的局域场都会随时间发生变化,经过一段时间,各个微观核磁矩的拉莫进动不再同步,使得宏观的横向净磁矩逐渐减小为零.这个横向极化逐渐恢复到零的过程称为核自旋的横向弛豫.横向弛豫也符合 e 指数形式:

$$M_\perp(t) = M_\perp(t_0)\exp\left(-\frac{t-t_0}{T_2}\right) \tag{3.1.26}$$

式中,$M_\perp$ 是横向磁矩,$M_\perp = \sqrt{M_x^2 + M_y^2}$,$M_x$ 正比于 $\langle\sigma_x\rangle$,M_y 正比于 $\langle\sigma_y\rangle$;T_2 为横向弛

豫时间.

值得注意的是,倘若观察者在实验室中静止不动,会观察到横向极化以拉莫频率做进动.若观察者在一个同样以拉莫频率旋转的坐标系中,则并不会观察到横向极化旋转,而是只观察到极化逐渐变小.在核磁共振信号处理中,经常会采用旋转坐标系处理信号(如图 3.1.10(b)所示).

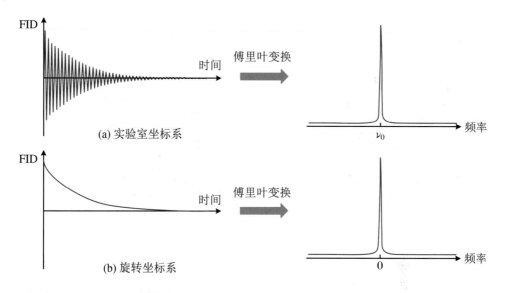

图 3.1.10   自由感应衰减信号(FID)在实验室坐标系和旋转坐标系中的示意图,以及其傅里叶变换谱
这里假设只有一种核自旋.

对核自旋的 FID 信号做傅里叶变换,就可以得到核自旋进动的频率信息,如果是在旋转坐标系中处理 FID 信号,那么傅里叶变换后峰的频率为零.

3.1.6   自旋回波

如上一小节所讨论,当各个核自旋所处的局域场由于周围自旋的影响随时间发生微小变化时,各个自旋不再同步做拉莫进动,使得横向弛豫发生,FID 信号逐渐衰减.这个讨论假设外磁场在样品不同位置处是均匀的,均为 B_0.如果各个核自旋处的外磁场不相同,则会加剧拉莫进动不同步的发生,使得横向极化更快地变为零.但是不同于横向弛豫,不均匀静磁场的影响可以通过自旋回波(spin echo)抵消掉.

现在我们假设各个核所处的局域场不受周围自旋的影响,即只有外磁场的存在.如果外磁场不均匀,则有的自旋进动快,有的自旋进动慢,随着时间的推进,不同自旋差别越来越大.考虑自旋 a 和自旋 b 都绕 z 轴做逆时针进动,起始位置均为 $+x$ 轴,假设自旋 a 转的快,经过时间 τ,自旋 a 比自旋 b 领先了 θ 角度.这时,如果将两个自旋都绕 x 轴旋转 $180°$,则 b 处于比 a 领先 θ 角度的位置.自旋 a 继续以快于 b 的频率旋转,经过时间 τ 后,自旋 a 追上 b,两者此时在 $+x$ 轴又同步了.这就是自旋回波的形成原理.也就是说,通过在演化过程中间施加一个让自旋旋转 $180°$ 的脉冲,可以抵消掉磁场不均匀性对自旋进动的影响.

由于实际的静磁场往往是不均匀的,直接使用 FID 测量横向弛豫时间 T_2 并不准确,因此自旋回波方法经常被用来测量横向弛豫时间.

3.2 核磁共振量子计算

3.2.1 核磁共振中的量子比特

在液态核磁共振系统中,用自旋为 1/2 的核来承载量子信息.由核自旋在外界强磁场中能级劈裂产生的二能级系统用作一个量子比特,自旋方向与外磁场一致和自旋方向与外磁场相反的两个本征态分别记为 $|0\rangle$ 和 $|1\rangle$,是计算基矢.

对核自旋态的处理通常是在其旋转坐标系中,旋转坐标系的频率是该核自旋的拉莫频率.单核系统旋转坐标系中的哈密顿量见(3.1.8)式.在多种类核的系统中,可以针对每种核自旋选择不同的旋转参考系,每个旋转坐标系的频率与对应的核的拉莫频率相同,这种坐标系被称为多重旋转坐标系.

在含有多个自旋为 1/2 的核的系统中,各个核自旋拉莫频率的不同可以在测量、控制等过程中用来区分不同的自旋比特.由于不同种类的核旋磁比差别很大,其拉莫频率差别很大,因此不同种类的核作为量子比特很易区分.同一种类的核,由于化学位移的存在,它们的频率也会不同,在一定条件下(依赖于核磁共振谱的分辨率、射频脉冲的频率选择性等)也是可以区分的,可以用作不同的量子比特.含有 n 个可区分的自旋为 1/2 的核的分子系统就可以作为一个 n 比特的量子信息处理器,例如常用的 ^{13}C 标记的氯仿分子可作为两比特的量子信息处理器.如图 3.2.1 所示.

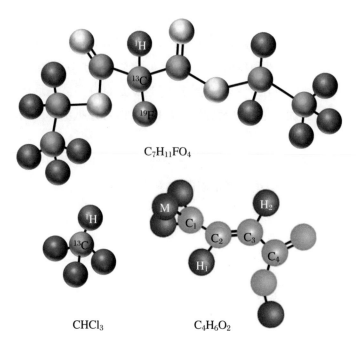

$$C_7H_{11}FO_4$$

$$CHCl_3 \qquad C_4H_6O_2$$

图 3.2.1　量子计算样品氯仿($CHCl_3$)、巴豆酸($C_4H_6O_2$)、氟丙二酸二乙酯($C_7H_{11}FO_4$)的分子结构

氯仿中的^1H和^{13}C可以作为两比特.氟丙二酸二乙酯中只有与^{19}F相连的碳是^{13}C,其他的C均为^{12}C,自旋为0.虽然有11个^1H,但只有与^{13}C相邻的^1H可以作为量子比特.所以氟丙二酸二乙酯是一个三比特样品.巴豆酸中,四个碳都是^{13}C.C_1相连的三个^1H记为M,形成了自旋为3/2和自旋为1/2的两个子空间.可以通过脉冲选择性地只操作1/2子空间,所以M可以作为一个量子比特.巴豆酸是一个七比特样品.

3.2.2　核磁共振中的量子门

单比特门由射频脉冲来实现

设单比特自旋的拉莫频率为ω,系统哈密顿量为$H_S = \omega\sigma_z/2$.考虑一与自旋发生共振的时长为T的方波脉冲,即脉冲幅度$\omega_1(t) = \omega_1$,脉冲相位$\phi(t) = \omega t + \varphi\,(0 \leqslant t \leqslant T)$.则在自旋自身的旋转坐标系下,自旋的时间演化算符可写为$U(T) = \exp\left[-\mathrm{i}\omega_1 T\left(\dfrac{\cos\varphi\sigma_x}{2} + \dfrac{\sin\varphi\sigma_y}{2}\right)\right]$.若选取$\varphi = 0°$或$\varphi = 90°$,则演化算符分别对应着绕$x$或$y$轴的旋转操作.调节时间$T$和强度$\omega_1$可以控制旋转的任意角度,即$\theta = \omega_1 T$.所以

与自旋共振的射频脉冲可以用来实现使自旋绕 x 或 y 轴旋转任意角度的操作.

对于任意一个单比特的旋转变换 U,根据 Bloch 定理,存在实数 $\alpha,\beta,\gamma,\delta$,满足

$$U = e^{i\alpha}R_x(\beta)R_y(\gamma)R_x(\delta) \tag{3.2.1}$$

R_x 和 R_y 是绕 x 和 y 轴的旋转.可以看出只需要有绕 x 和 y 轴的旋转就能实现任意的单量子比特门.所以利用射频脉冲可以实现任意单比特门.

两比特门由射频脉冲和耦合作用来实现

以 CNOT 门为例.考虑两个具有 J 耦合相互作用的核自旋,在双重旋转坐标系中系统哈密顿量为 $H_S = \pi J\sigma_z^1\sigma_z^2/2$.该 J 耦合项的自由演化算子为 $U_J(t) = \exp[-i\pi Jt\sigma_z^1\sigma_z^2/2]$,即

$$U_J(t) = \begin{pmatrix} e^{-i\pi Jt/2} & 0 & 0 & 0 \\ 0 & e^{i\pi Jt/2} & 0 & 0 \\ 0 & 0 & e^{i\pi Jt/2} & 0 \\ 0 & 0 & 0 & e^{-i\pi Jt/2} \end{pmatrix} \tag{3.2.2}$$

易验证,通过单比特旋转及 J 耦合的自由演化,可以实现两比特 CNOT 门:

$$U_{\text{CNOT}} = \sqrt{i}R_z^1\left(\frac{\pi}{2}\right)R_z^2\left(\frac{\pi}{2}\right)R_x^2\left(\frac{\pi}{2}\right)U_J\left(\frac{1}{2J}\right)R_y^2\left(\frac{\pi}{2}\right) \tag{3.2.3}$$

这个 CNOT 门以第一个比特为控制比特,以第二个比特为目标比特.图 3.2.2 给出了上述实现 CNOT 门方法的第二个比特自旋演化简易示意图,这里省略了绕 z 方向的旋转操作.

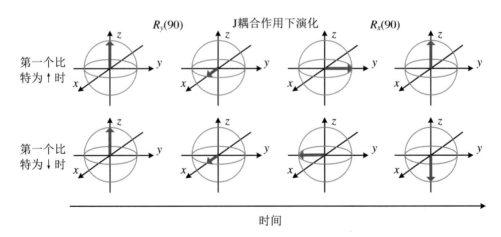

图 3.2.2 按照(3.2.3)式方法实现 CNOT 门时,第二个比特的自旋演化简易示意图

有了 CNOT 门的实现,其他的两比特门都可以用 CNOT 门和单比特门的组合来实现.

3.2.3 核磁共振中的赝纯态

量子计算一般要求将所有的量子比特制备到一个合适的初态,通常为 $|00\cdots0\rangle$.核磁共振系统是一个系综系统,核磁共振量子计算将系统的所有分子中具有相同的化学环境、在频率上不可区分的核自旋作为一个量子比特使用,对系统进行测量时得到的结果是系综平均值.在 3.1.4 小节中我们已经提到过,当不对核磁共振样品施加射频脉冲时,系统趋向于热平衡态.核磁共振量子计算的出发态一般为系统的热平衡态 ρ_{eq},这里我们再将它列出来:

$$\rho_{eq} = \frac{e^{-H_S/(k_BT)}}{\mathrm{Tr}(e^{-H_S/(k_BT)})} \approx \frac{1}{2^n}I^{\otimes n} + \sum_{k=1}^{n}\frac{\varepsilon_k\sigma_z^k}{2} \tag{3.2.4}$$

上式用到了高温近似 $\|H_S\|/(k_BT)\approx 10^{-5}\ll 1$.式子中的后一部分为极化部分,产生可观测的核磁信号.热平衡态的极化部分的强度($\varepsilon\approx 10^{-5}$)是很弱的,也就是说 ρ_{eq} 是一个高度的混合,不适合作为量子计算的初态.

为解决该问题,人们提出了赝纯态的概念:

$$\rho_{pps} = \frac{1-\eta}{2^n}I^{\otimes n} + \eta\,|00\cdots0\rangle\langle00\cdots0| \tag{3.2.5}$$

式中极化因子 η 称为赝纯态的有效纯度.赝纯态概念的提出是基于以下很重要的两点:第一,核磁共振的信号只与系统在不同能级间的布居之差有关,而与布居的绝对大小无关,也就是说在系统的密度矩阵中,只有迹为零的部分才对信号有贡献,剩下的与单位矩阵成比例的部分是没有信号的.密度矩阵中迹为零的部分,被定义为偏移密度矩阵.第二,幺正操作对单位矩阵是没有任何效果的,所以在对系统进行一系列的幺正操作后,末态的测量结果仍然只依赖于初始态偏移密度矩阵的动力学演化结果.两个状态,只要有相同的偏移密度矩阵,就会有相同的动力学行为和测量结果.可以看出,除了极化因子,ρ_{pps} 的演化规律(任何幺正变换)和观测效应完全等价于纯态 $|00\cdots0\rangle\langle00\cdots0|$.因此,赝纯态能作为核磁共振系综量子计算的基准初态.如图 3.2.3 所示.

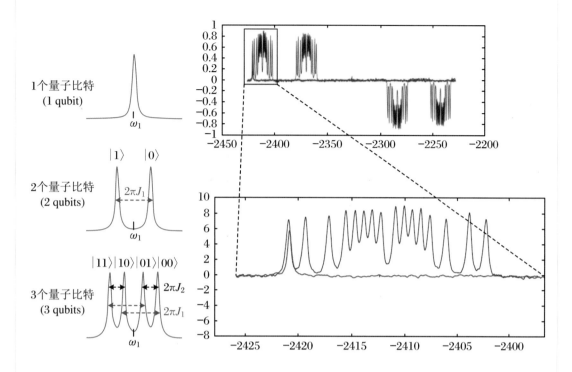

图 3.2.3　核磁共振谱图与赝纯态谱图

左图是核磁共振谱图峰劈裂的示例.对一个 n 比特的样品,观察一个比特的热平衡谱,在具有足够分辨率、合适的 J 耦合的情况下,会观测到 2^{n-1} 个峰,每个峰代表另外 $n-1$ 个量子比特的一个本征量子态. 右图是七比特样品巴豆酸的赝纯态谱图(资料来源:Nature,2000,404(6776):368-370).红色的谱线只有一个峰,是赝纯态的谱线.

空间平均法制备赝纯态

赝纯态制备问题就是从热平衡态 ρ_{eq} 制备到赝纯态 ρ_{pps}. ρ_{pps} 只有对角元非零,而且只有一个对角元与其他对角元不相等.而 ρ_{eq} 对角元的大小往往各不相同.从 ρ_{eq} 到 ρ_{pps} 的关键就是调整对角元的大小,并将这个过程中产生的非对角元去除.赝纯态制备方法有时间平均法、空间平均法、逻辑标记法、猫态制备法等.

下面我们介绍使用空间平均法实现同核两比特赝纯态制备的步骤.为了介绍空间平均法,这里先简要介绍一下核磁共振系统中的一种控制技术——梯度场.梯度场具有形式 $G_z = Az$,A 为施加的梯度场的强度.也就是说,梯度场不是一个均匀的磁场,在 z 方向上,这个磁场强度与位置相关.梯度场的施加,导致 z 方向不同位置处的核自旋有不同的进动频率.假设施加梯度场前,系统有横向磁化,经过一段时间后,z 方向不同位置处的横向磁化矢量旋转了不同的角度,整个系综的平均效果就是横向磁化强度减小,那么只要梯度场足够强、施加时间足够长,系统的横向磁化强度就变为零,这个过程称为相散,如图 3.2.4 所示.

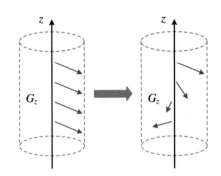

图 3.2.4　梯度场作用下的相散

在空间平均法中,梯度场就是用来消除在调整密度矩阵对角元过程中产生的非对角元(也就是横向极化)的.

两比特同核系统热平衡态的密度矩阵为 $\sigma_z^1 + \sigma_z^2$(省略了单位矩阵和极化系数).下面就是空间平均法的步骤,结合了射频脉冲、J 耦合演化、梯度场:

$$\rho_{eq} = \sigma_z^1 + \sigma_z^2$$

$$\xrightarrow{R_x^2(\pi/3)} \quad \sigma_z^1 + \frac{1}{2}\sigma_z^2 - \frac{\sqrt{3}}{2}\sigma_y^2 \quad \xrightarrow{G_z} \quad \sigma_z^1 + \frac{1}{2}\sigma_z^2$$

$$\xrightarrow{R_x^1(\pi/4)} \quad \frac{\sqrt{2}}{2}\sigma_z^1 + \frac{1}{2}\sigma_z^2 - \frac{\sqrt{2}}{2}\sigma_y^1 \quad \xrightarrow{U_J\left(\frac{1}{2J}\right)} \quad \frac{\sqrt{2}}{2}\sigma_z^1 + \frac{1}{2}\sigma_z^2 + \frac{\sqrt{2}}{2}\sigma_x^1 \otimes \sigma_z^2$$

$$\xrightarrow{R_y^1(-\pi/4)} \quad \frac{1}{2}\sigma_z^1 + \frac{1}{2}\sigma_z^2 - \frac{1}{2}\sigma_x^1 + \frac{1}{2}\sigma_x^1 \otimes \sigma_z^2 + \frac{1}{2}\sigma_z^1 \otimes \sigma_z^2$$

$$\xrightarrow{G_z} \quad \frac{1}{2}\sigma_z^1 + \frac{1}{2}\sigma_z^2 + \frac{1}{2}\sigma_z^1 \otimes \sigma_z^2 \tag{3.2.6}$$

$R_{x,y}^{1,2}$ 是指将 1,2 核绕 x,y 轴旋转的射频脉冲.U_J 指 J 耦合作用下的演化.末态 $\frac{1}{2}\sigma_z^1 + \frac{1}{2}\sigma_z^2 + \frac{1}{2}\sigma_z^1 \otimes \sigma_z^2$ 就是一个赝纯态,可表示为 $2(|00\rangle\langle00| - I/4)$.

3.2.4 核磁共振中的测量

液体核磁共振系统中,并不是用一个分子,而是用很多个相同分子的系综来定义一个量子寄存器.也就是说,在核磁共振量子计算中,任何一个量子态都有很多个拷贝,测量得到的结果是系综平均值.

核磁共振系统中可测量物理量是样品的横向自旋磁化矢量,即 x-y 方向的磁化矢量,也可以认为可测量物理量是 x-y 方向的自旋角动量.横向磁化矢量绕 z 轴进动,使得轴在 x-y 平面内的探测线圈中感应出电流.由于样品系统最后要回到热平衡态,因此横向磁化矢量最后会减小为零,则线圈中的感应电流最后也会变为零,这个信号就是我们前面提到过的自由感应衰减信号(FID).在实验室坐标系下,FID 信号与系统密度矩阵的关系可以表示为

$$S(t) \propto \mathrm{Tr}\Big[\mathrm{e}^{-\mathrm{i}Ht/h}\rho\mathrm{e}^{\mathrm{i}Ht/h}\sum_{k=1}^{n}(\sigma_x^k - \mathrm{i}\sigma_y^k)\Big] \tag{3.2.7}$$

对单比特系统

$$S(t) \propto \mathrm{Tr}[\rho\mathrm{e}^{\mathrm{i}\omega t}(\sigma_x - \mathrm{i}\sigma_y)] \tag{3.2.8}$$

对上述信号做傅里叶变换,则会在频率为拉莫频率 ω 处得到一个峰,峰的幅值由 $\mathrm{Tr}[\rho(\sigma_x - \mathrm{i}\sigma_y)]$ 决定.所以通过测量傅里叶变换谱的峰的幅值,即可测出 $\langle\sigma_x\rangle$ 和 $\langle\sigma_y\rangle$.

对多比特系统,各个比特的 $\langle\sigma_x\rangle$ 和 $\langle\sigma_y\rangle$ 都可从其相应拉莫频率处的峰获得.

核磁共振可观测量与不可观测量

在第 1 章中提到过,任意单比特的密度矩阵都可以分解为 Pauli 矩阵和单位矩阵的线性叠加:

$$\boldsymbol{\rho} = \frac{1}{2}\boldsymbol{I} + \frac{1}{2}\langle\sigma_x\rangle\boldsymbol{\sigma}_x + \frac{1}{2}\langle\sigma_y\rangle\boldsymbol{\sigma}_y + \frac{1}{2}\langle\sigma_z\rangle\boldsymbol{\sigma}_z \tag{3.2.9}$$

$$\boldsymbol{I} = \begin{bmatrix} 1 & 0 \\ 0 & 1 \end{bmatrix} \tag{3.2.10}$$

$$\langle\sigma_x\rangle = \mathrm{Tr}(\rho\sigma_x), \quad \langle\sigma_y\rangle = \mathrm{Tr}(\rho\sigma_y), \quad \langle\sigma_z\rangle = \mathrm{Tr}(\rho\sigma_z) \tag{3.2.11}$$

对于一个量子态,将(3.2.11)式中的三个量都测出来后,再代入(3.2.9)式就可以得到该量子态的密度矩阵.这个过程就是密度矩阵重构.上述单比特的密度矩阵重构方法可以

推广到多比特：

$$\boldsymbol{\rho} = \frac{1}{2^n} I^{\otimes n} + \frac{1}{2^n} \sum_{i_1,i_2,\cdots,i_n} c_{i_1,i_2,\cdots,i_n} \boldsymbol{\sigma}_{i_1}^1 \boldsymbol{\sigma}_{i_2}^2 \cdots \boldsymbol{\sigma}_{i_n}^n \tag{3.2.12}$$

$$i_k = 0, x, y, z, \text{且}(i_1, i_2, \cdots, i_n) \neq (0, 0, \cdots, 0)$$

这里 σ_0 是指单位矩阵，n 是量子比特数目，$c_{i_1,i_2,\cdots,i_n} = \mathrm{Tr}(\rho \sigma_{i_1}^1 \sigma_{i_2}^2 \cdots \sigma_{i_n}^n)$．将 Pauli 矩阵前的系数 $c_{i_1,i_2,\cdots,i_n}$ 测出后，就可以重构出 n 比特的密度矩阵．

然而并不是所有的 $c_{i_1,i_2,\cdots,i_n}$ 都可以直接从核磁共振谱图中读出．前面提到过，每个比特的 $\langle \sigma_x \rangle$ 和 $\langle \sigma_y \rangle$ 都可以从 FID 信号测得．也就是说量子态的一阶相干项可以直接读出．零阶与高阶相干项无法直接读出．直观来讲，一阶相干项对应于一个核自旋的跃迁，高阶相干项对应于多个核自旋的跃迁．用 Pauli 矩阵的语言来说，可以诱导出自由感应衰减信号的密度矩阵项具有以下形式：

$$\sigma_{i_1}^1 \sigma_{i_2}^2 \cdots \sigma_{i_{n-1}}^{n-1} \sigma_{i_n}^n \tag{3.2.13}$$

$\{i_1 \cdots i_n\}$ 中只有一个是 x 或 y，其他的均为 0 或 z．倘若 $\{i_1 \cdots i_n\}$ 中有一个以上的 x 或 y，则这个矩阵项并不能诱导出自由感应衰减信号．那么这些矩阵项的系数应该怎么测出来呢？这就要用到射频脉冲，将部分 σ_x 和 σ_y 旋转为 σ_z，使矩阵项中只剩一个 σ_x 或 σ_y，这样这一项就可以诱导出信号，进而它在密度矩阵中的系数 c 就可以测出来了．

核磁共振可观测量谱分析实例

在实验中，得到一个谱，那么怎么得到 (3.2.12) 式中需要的 Pauli 矩阵的系数呢？这里以两比特为例．假设两比特的拉莫频率分别是 ω_0^1 与 ω_0^2．在频率 ω_0^1 附近的谱由 $\sigma_x^1 I$，$\sigma_y^1 I$，$\sigma_x^1 \sigma_z^2$，$\sigma_y^1 \sigma_z^2$ 的系数 $c_{x,0}$，$c_{y,0}$，$c_{x,z}$，$c_{y,z}$ 决定．在频率 ω_0^2 附近的谱由 $I\sigma_x^2$，$I\sigma_y^2$，$\sigma_z^1 \sigma_x^2$，$\sigma_z^1 \sigma_y^2$ 的系数 $c_{0,x}$，$c_{0,y}$，$c_{z,x}$，$c_{z,y}$ 决定．$\sigma_x^1 I$ 与 $\sigma_x^1 \sigma_z^2$ 的谱如图 3.2.5 所示．

图 3.2.5　$\sigma_x^1 I$ 与 $\sigma_x^1 \sigma_z^2$ 的谱

如果一个态的密度矩阵是 $\sigma_x^1 I + \sigma_x^1 \sigma_z^2$，那么它的谱如图 3.2.6 所示.

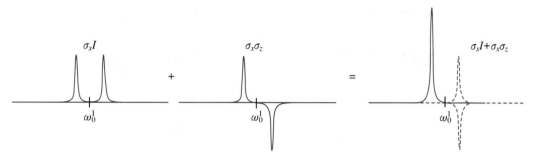

图 3.2.6 $\sigma_x^1 I + \sigma_x^1 \sigma_z^2$ 的谱

可以看出，右边的峰被消掉，$\sigma_x^1 I + \sigma_x^1 \sigma_z^2$ 的谱只剩一个单峰. $\sigma_x^1 I$ 与 $\sigma_x^1 \sigma_z^2$ 以其他系数叠加的谱也可以用类似方法得到，例如 $0.5\sigma_x^1 I + \sigma_x^1 \sigma_z^2$ 的谱如图 3.2.7 所示.

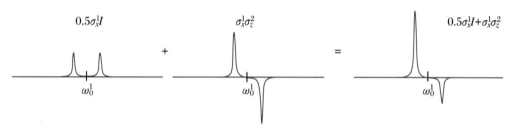

图 3.2.7 $0.5\sigma_x^1 I + \sigma_x^1 \sigma_z^2$ 的谱

$\sigma_y^1 I$ 与 $\sigma_y^1 \sigma_z^2$ 的谱和 $\sigma_x^1 I$ 与 $\sigma_x^1 \sigma_z^2$ 的谱差别只在于相位不同. 所以，通过分析 ω_0^1 附近的峰的幅度、相位，就可以得到 $c_{x,0}, c_{y,0}, c_{x,z}, c_{y,z}$ 的大小. 同理，通过分析 ω_0^2 附近的峰的幅度、相位，就可以得到 $c_{0,x}, c_{0,y}, c_{z,x}, c_{z,y}$ 的大小.

3.2.5 核磁共振量子计算特色：混合态量子计算

如前文所述，在核磁共振系统热平衡态中，核自旋向各个方向的都有，只有向着磁场方向的自旋数目微多于其他方向，形成了磁场方向的极化. 由这一部分极化出发，可以制备出赝纯态，作为量子计算的初态. 既然是赝纯态，就不是真正的纯态，而与纯态相对应的就是混合态. 核磁共振系统就是一个混合态系统. 图 3.2.8 给出了纯态和混合态的区别，纯态系统中，所有微观粒子的量子态相同，而混合态系统中，微观粒子的状态并不统一.

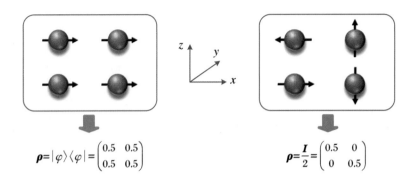

$$\boldsymbol{\rho}=|\varphi\rangle\langle\varphi|=\begin{pmatrix}0.5 & 0.5\\ 0.5 & 0.5\end{pmatrix} \qquad \boldsymbol{\rho}=\frac{\boldsymbol{I}}{2}=\begin{pmatrix}0.5 & 0\\ 0 & 0.5\end{pmatrix}$$

图 3.2.8　纯态和混合态系统对比

这里以单自旋为例,每个系统有众多单自旋微观粒子.左图中纯态是一个自旋极化在正 x 方向的纯态,所有微观粒子的状态都是量子叠加态 $|\varphi\rangle=(\sqrt{2}/2)(|0\rangle+|1\rangle)$.如果测量这个状态,会以 $1/2$ 的概率得到 $|0\rangle$,以 $1/2$ 的概率得到 $|1\rangle$.右图所示的系统中微观粒子自旋向各个方向的都有,无法用一个态矢量 $|\varphi\rangle$ 来统一描述它们的状态,然而可以用系综密度矩阵 $\boldsymbol{\rho}$ 来描述,密度矩阵的对角元分别表示处于 $|0\rangle$ 态和 $|1\rangle$ 态的概率.图中所示这个状态是一个最大混合态,密度矩阵两个对角元相同.可以看出,两个密度矩阵的对角元相同,意味着测量时两个系统得到 $|0\rangle$ 态和 $|1\rangle$ 态的概率是相同的.然而,左图中纯态的非对角元是非零的.密度矩阵非对角元蕴含着区分纯态和混合态的重要信息.

常温下的核磁共振系统的状态就是一个很接近最大混合态的状态,热平衡态 $\rho=\frac{I^{\otimes n}}{2^n}+\sum_i\epsilon_i\sigma_z^i/2$,这里,$\frac{I^{\otimes n}}{2^n}$ 就是 n 比特的最大混合态,σ_z^i 代表第 i 个自旋 z 方向极化,$\sum_i\epsilon_i\sigma_z^i$ 是不同自旋的极化之和.如前文所述,ϵ_i 由温度、磁场强度、核自旋的旋磁比决定,在室温下很小,约为 10^{-5} 量级.当制成赝纯态后,密度矩阵是 $\boldsymbol{\rho}=\frac{I^{\otimes n}}{2^n}+\epsilon'|\varphi\rangle\langle\varphi|$,$|\varphi\rangle\langle\varphi|$ 代表一个纯态.这里,由于赝纯态制备过程中,会牺牲掉一部分极化,故通常 $\epsilon'<\epsilon_i$.Braunstein 等人[1]指出,对于 $\boldsymbol{\rho}=\frac{I^{\otimes n}}{2^n}+\epsilon'|\varphi\rangle\langle\varphi|$ 这样一个量子态,当 ϵ' 小于一个界限时,即使 $|\varphi\rangle\langle\varphi|$ 是有纠缠的,$\boldsymbol{\rho}$ 也是没有量子纠缠的,而在目前研究阶段的核磁共振量子计算中,ϵ_i 是小于这个界限的,所以现今的核磁量子计算里没有纠缠.为什么在意纠缠?纠缠一直被认为是量子系统做通信和计算优于经典系统的重要原因.人们通常认为,纯态量子计算里,如果要比经典计算有呈指数加速,必须要有纠缠存在.不过,核磁共振利用混态做量子计算,那么没有纠缠的混态,是不是也有可能比经典计算呈指数加速?

① Phys. Rev. Lett.,1999,83:1054-1057.

量子计算原理与实践
Quantum Computing Principles and Practices

答案是肯定的. 在 1998 年, Knill 和 Laflamme 提出了一个混合态量子计算模型, 被称为"一比特的神奇力量"模型, 简称 DQC1[①]. 这是一个 $n+1$ 比特模型, 初始状态只有一个比特有极化, 处于态 $\frac{1}{2}(I+\epsilon\sigma_z)$, 其他的 n 比特处于最大混合态 $\frac{I^{\otimes n}}{2^n}$. 这个初始态在核磁共振系统中很常见, 例如可以将热平衡态中的其他比特极化旋转到 x-y 平面, 然后用梯度场消除, 只留第一个比特极化, 就可以得到这个态. DQC1 方案 (图 3.2.9) 是在第一个比特上执行 Hadamard 门, 并执行一个受控 U_n 门后, 探测第一个比特. 受控 U_n 门指第一个比特为 $|0\rangle$ 时, 不对其余 n 比特执行 U_n, 第一个比特为 $|1\rangle$ 时, 执行 U_n. Knill 和 Laflamme 证明, 在这个系统中, 只需要两次实验, 就可以计算出幺正矩阵 U_n 的**迹**(对角元之和), 而不管这个幺正矩阵多大, 无论是 2×2 维还是 $2^{64} \times 2^{64}$ 维. 这样一个任务是无法用经典计算机高效地完成的. 你可以想象一下, 用一台台式机可以轻松计算 2×2 维矩阵的对角元之和, 毕竟 2×2 维矩阵只有 4 个元素和 2 个对角元, 那么 $2^{64} \times 2^{64}$ 维矩阵呢? 有 3.4×10^{38} 个元素和 1.8×10^{19} 个对角元, 这么大的数据量, 估计得用超级计算机来计算了.

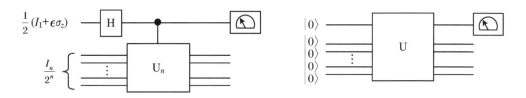

图 3.2.9　DQC1 线路图(左)与纯态量子计算线路图(右)对比

纯态量子计算的初始态要求是纯态, 一般是所有比特都处于 $|0\rangle$ 态. 经过量子门操作 U 后, 探测一个或多个比特可以得到结果. DQC1 的初始态只有一个比特有非零极化, 其他的比特都处于最大混合态. 计算结束时, 探测第一个比特.

DQC1 是一个非常重要的模型, 它的提出, 使研究者们不得不重新考虑, 到底是什么使得量子计算不同于经典计算. 显然, 量子纠缠在这里不能解释 DQC1 的量子优势. 后来, 人们提出了称为量子失谐(quantum discord)的量子关联. 量子纠缠是量子失谐的一种. 有研究者发现, 在 DQC1 模型的计算末态中, 往往可以观测到量子失谐, 所以量子失谐很可能是解释 DQC1 量子优势的关键. 也有研究者有不同意见, 他们发现, 并不是所有的 U_n 都会得到一个有量子失谐的末态, 无法用量子失谐解释对这种 U_n 的迹计算的加

---

①　Phys. Rev. Lett., 1998, 81: 5672-5675.

速.还有人认为,DQC1 的优势来源于它的量子门操作具有使第一个比特和其他比特最大混合态中某些状态纠缠在一起的能力(entangling power).总之,到底是什么赋予了以 DQC1 为代表的量子计算模型对经典计算的优势,到底什么才是最重要的量子计算资源,研究者们仍在探索这些没有完全解开之谜.

3.3 量子最优控制算法和梯度上升优化方法

量子优化控制论是量子控制论的一个分支,而量子控制论是控制论从经典世界到量子世界的延伸.在经典物理规律支配的世界中,系统控制的概念、理论和方法被广泛应用到机械、化学、电力、航空航天等各行各业,可以说几乎无所不在.近数十年来,随着人们对微观粒子体系的调控水平日益提升,很自然地,大量的量子系统控制问题涌现了出来.特别是,量子计算的宏大目标,即建造实用量子计算机,极大地促进了量子控制的发展.量子计算对控制量子系统的能力提出了更高的要求,其中一个最典型的控制问题就是如何实现高精度量子逻辑门.前文介绍过,在核磁共振系统中,射频脉冲可以实现让核自旋比特绕 x,y 轴方向任意角度旋转,进而可以实现任意的单比特门,再结合核自旋之间的耦合演化,就可以实现任意的多比特门.然而对于复杂量子门的具体实现方法,例如怎样拆分成单比特旋转操作和J耦合演化,或者怎样能在尽量短的时间内实现这个量子门,这都是值得研究的,可以归结为下面这个控制问题:设计电磁波脉冲的形状以对系统实现想要的量子门操作.

类似于经典世界的物体的运动遵循牛顿第二定律,在量子世界,量子系统的动力学演化遵循的是薛定谔方程.在牛顿第二定律中,力对系统的演化起决定性作用,在薛定谔方程中和力起相似作用的物理量就是哈密顿量,通常情况下也就是系统的总能量.系统本身的哈密顿量由 H_0 表示,由控制脉冲产生的哈密顿量用 $u(t)H_1$ 表示,其中 $u(t)$ $(0 \leqslant t \leqslant T)$ 表示含时脉冲的幅度.系统的演化完全由 $H_0 + u(t)H_1$ 与系统初始状态决定.量子系统的演化通常由一个幺正算符表示,称为演化算符.显然,在 $t = 0$ 时刻,系统的演化算符为 $U(0) = I$,这里 I 表示恒等变换,什么也没发生.在脉冲驱动下,系统的演化算符最终为 $U(T)$.假设目标量子逻辑门是 $\bar{U}$,我们用一个称为量子门保真度的函数 F 来度量实际变换 $U(T)$ 和目标变换 $\bar{U}$ 之间的接近程度,即 $F(U(T), \bar{U}) = |\text{Tr}(U(T) \cdot \bar{U}^{\dagger})|^2 / 2^{2n}$,$n$ 为比特数目.当 $F = 1$ 时,表明该控制脉冲可以很好地实现目标逻辑门,F 越小,表明 $U(T)$ 和目标变换 $\bar{U}$ 之间差别越大.将上面的问题总结一下,即

要求解含时脉冲 $u(t)$,使得 $F(U(T),\overline{U})$ 达到最大值,并且 $U(t)$ 满足薛定谔方程

$$\frac{\mathrm{d}U(t)}{\mathrm{d}t} = -\mathrm{i}(H_0 + u(t)H_1)U(t) \tag{3.3.1}$$

上述问题在比特数较小时,比较容易得到准确解;在超过两比特的情形下,就很难得到数学上的解析解了.因此在实际情况中,常常需借助数值优化的办法来对想要的脉冲进行搜索.2005 年,N. Khaneja 和 S. J. Glaser 等人提出了梯度上升优化方法(gradient ascent pulse engineering,GRAPE)[1],该方法显示出极好的应用价值,目前已经成为最常用的量子控制优化算法.下面介绍基于 GRAPE 算法来搜索实现目标操作的优化脉冲.

在 GRAPE 数值优化中,我们将脉冲总的演化时间平均地分为 N 个离散片段,每个片段的时间为 $\Delta t = T/N$,第 j 段时间内的幅度用 $u(j)$ 表示.由于每段内射频场强度为固定值,每段脉冲的演化算子 U_j 很容易根据薛定谔方程求得,从而整个脉冲对应的演化为 $U(T) = U_N \cdots U_1$,即 $U(T)$ 是脉冲作用下系统逐段演化的总效果.GRAPE 算法的实质是将保真度 F 看作参数集 $\{u(j)\}$ 的多元函数,从而把脉冲搜索转化为多元函数的极值优化问题.在微积分中,我们知道多元函数沿着其梯度方向改变参数是上升最快的方向.因此算法中最重要的就是求出 F 对于各个参数 $\{u(j)\}$ 的梯度,从而可以将 $\{u(j)\}$ 按照梯度的方向以一定的步长改变,再代入 F 函数求出新的梯度,如此迭代.一个完整的梯度上升算法(GRAPE)的流程如下:

(1) 初始化:设置参数 $\{u(j)\}$ 的初值,可以随机生成,也可以用一个和目标逻辑门差别比较大的脉冲序列参数作为初值;

(2) 求出梯度迭代方向:对 $j = 1, \cdots, N$,计算梯度 $g:g(j) = \dfrac{\partial F}{\partial u(j)}$;

(3) 迭代步长搜索:即沿着梯度方向搜索,寻找使函数上升最大的步长 l;

(4) 将参数沿梯度方向改变步长大小,即计算 $F(u + lg)$,若未达到目标要求,返回第(2)步.

该流程的跳出条件是 F 达到目标要求(例如 0.9999),或是在迭代前后 F 值的变化小于一个给定的小值(即说明已达到局部最优解).如图 3.3.1 所示.

GRAPE 算法作为基于梯度优化的算法,原则上只能给出局部极值,也就是说,并不能保证真正找到最好的脉冲,只是在参数的一定范围内的最优脉冲.然而实践表明,GRAPE 算法具有很好的实用性,经常能给出令人满意的解.它已经成为核磁共振量子计算、量子模拟实验的核心技术之一.

---

[1] J. Mag. Reson.,2005,172:296.

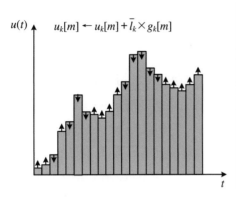
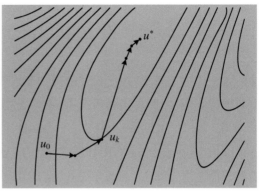

图 3.3.1 梯度上升优化

左图是脉冲参数（脉冲幅度）沿着梯度上升的方向进行迭代示意图，下标 k 表示这是第 k 次迭代；右图是经过不断的迭代，最终算法趋向于一个局部的最优控制解 u^*.

最后，值得一提的是，这里介绍的量子优化控制问题的表述以及数值优化算法原则上并没有限定在某个具体的体系，但是这些概念和方法首先是在核磁共振领域发展起来的.这是一件有趣的事，它表明核磁共振体系是一个非常成熟而简洁，并且能借以发展各种量子实验方法的优秀平台.

第4章

核磁共振量子计算实例

本章将基于量旋科技的"双子座"两比特核磁共振量子计算机进行量子计算实际案例的讲解."双子座"(图4.0.1)是一个永磁体核磁共振谱仪,与超导核磁共振谱仪不同,该仪器不需要液氮、液氦实现低温.该谱仪的各种结构集中紧凑,磁体、探头、脉冲产生、信号探测等部分均整合在仪器主体中.电脑只进行命令输入和谱图输出.

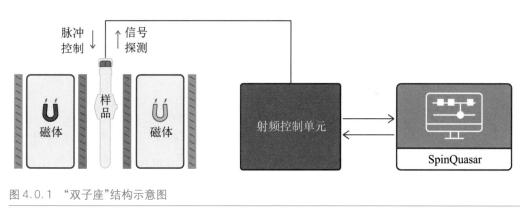

图4.0.1 "双子座"结构示意图

"双子座"配置了一起使用的量子操控软件SpinQuasar(图4.0.2),功能包括量子计算、核磁共振、实验管理、仪器调试、用户管理和量子知识几个板块.

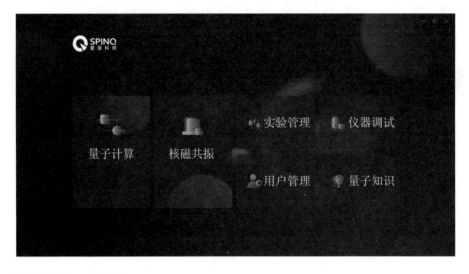

图 4.0.2　SpinQuasar 主界面

　　量子计算板块内置了多个量子计算的算法实例供直接调用使用,同时也可以自由调用量子操作门进行量子线路的设计;核磁共振板块提供核磁调试端口对后台使用的脉冲进行调制和校准.SpinQuasar 还包含一个模拟器,实时模拟量子态在各个逻辑门操作下的密度矩阵演化,形象地展示出算法的进程.

4.1　认识量子态与量子比特

4.1.1　引言

　　这个案例中,重点是学习量子力学、量子计算中的基本概念——量子态和量子比特,以及它们的基本性质、数学表达方式等,并结合实验和 SpinQuasar 软件的使用增进理解.

4.1.2 实验原理

1. 量子态、量子比特

这里我们再来简单介绍一下量子态、量子比特的概念.量子态是指量子力学的研究对象——微观粒子的状态,例如一个原子或电子的状态.量子态通常由希尔伯特(Hilbert)空间的矢量来表示,常记为 $|\psi\rangle$($|\ \rangle$ 是狄拉克符号).一个 n 维 Hilbert 空间的一个

量子态 $|\psi\rangle = \begin{bmatrix} c_1 \\ c_2 \\ \vdots \\ c_n \end{bmatrix}$,是这个 n 维空间的基矢 $|1\rangle, |2\rangle, \cdots, |n\rangle$ 的线性叠加:

$$|\psi\rangle = \begin{bmatrix} c_1 \\ c_2 \\ \vdots \\ c_n \end{bmatrix} = c_1 |1\rangle + c_2 |2\rangle + \cdots + c_n |n\rangle \tag{4.1.1}$$

为了理解上式,我们来类比一下平面几何所研究的空间,即一个平面空间.一个平面内,x 方向长度为 1 的矢量($\hat{x}$)和 y 方向长度为 1 的矢量($\hat{y}$)通常被用作基矢,这个平面内的所有矢量 a 都可以表示为这两个基矢的线性叠加,即 $a = x_1\hat{x} + y_1\hat{y} = \begin{bmatrix} x_1 \\ y_1 \end{bmatrix}$.(4.1.1)式就是这种图像在 Hilbert 空间的推广.$\hat{x}, \hat{y}$ 长度为 1,相互垂直,可用矢量内积表示为

$$\begin{cases} \hat{x} \cdot \hat{y} = \cos\dfrac{\pi}{2} = 0 \\ \hat{x} \cdot \hat{x} = \cos 0 = 1 \\ \hat{y} \cdot \hat{y} = \cos 0 = 1 \end{cases} \tag{4.1.2}$$

(4.1.1)式中的基矢 $|1\rangle, |2\rangle, \cdots, |n\rangle$ 都是量子态,例如是电子不同能级对应的状态:基态、第一激发态、第二激发态等.这些基矢状态和 $\hat{x}, \hat{y}$ 一样长度为 1,相互正交(垂直).即基矢态是正交归一的:

$$\begin{cases} \langle i | j \rangle = 0, & \text{若 } i \neq j \\ \langle i | j \rangle = 1, & \text{若 } i = j \end{cases} \tag{4.1.3}$$

$\langle\,|$ 表示态矢量的共轭转置(即转置矩阵并对所有矩阵元求复共轭). $\langle\,|\,\rangle$ 表示两个矢量的内积.和二维平面中矢量的性质相似,正交是指两个不同的基矢内积为零,归一是指一个基矢与其本身内积为 1.任意一个态矢量都是归一的:

$$
\begin{aligned}
\langle\psi\mid\psi\rangle &= \begin{pmatrix} c_1^* & c_2^* & \cdots & c_n^* \end{pmatrix} \begin{pmatrix} c_1 \\ c_2 \\ \vdots \\ c_n \end{pmatrix} \\
&= (c_1^*\langle 1| + c_2^*\langle 2| + \cdots + c_n^*\langle n|)(c_1|1\rangle + c_2|2\rangle + \cdots + c_n|n\rangle) \\
&= |c_1|^2 + |c_2|^2 + \cdots + |c_n|^2 = 1
\end{aligned} \tag{4.1.4}
$$

这里 c_1^* 是 c_1 的复共轭, $\begin{pmatrix} c_1^* & c_2^* & \cdots & c_n^* \end{pmatrix}$ 是 $\begin{pmatrix} c_1 \\ c_2 \\ \vdots \\ c_n \end{pmatrix}$ 的共轭转置. (4.1.1)式有特殊的物理含义,即量子叠加, $|\psi\rangle$ 同时处在 n 个基矢态的叠加态上,处在各个态的概率是 $|c_i|^2 = c_i^* \cdot c_i (i = 1, 2, \cdots, n)$. 由于总概率应该是 1,因此就要求所有 $|c_i|^2$ 的和为 1,这也就是(4.1.4)式的物理含义.量子叠加是量子世界不同于经典世界的一个重要特征.

量子比特是指具有两种量子状态的系统.此二能级系统的两个不同的物理状态,例如光子的两种极化状态,或者原子核的两种自旋状态,就是量子计算的基矢,通常记为 $|0\rangle$ 和 $|1\rangle$. 任一量子比特的状态就可以表示为 $|\psi\rangle = a|0\rangle + b|1\rangle = \begin{pmatrix} a \\ b \end{pmatrix}$,以 $|a|^2$ 的概率处于 $|0\rangle$,以 $|b|^2$ 的概率处于 $|1\rangle$.

Bloch 球

在前面的章节里介绍过,Bloch 球(图 4.1.1)是形象地表示一个单比特状态的方法,经常在单比特门操作、弛豫过程等分析中用到.任何一个量子比特的纯态态矢量在忽略整体相位后都可以表示为

$$
|\psi\rangle = \cos\frac{\theta}{2}|0\rangle + \mathrm{e}^{\mathrm{i}\varphi}\sin\frac{\theta}{2}|1\rangle = \begin{pmatrix} \cos\dfrac{\theta}{2} \\ \mathrm{e}^{\mathrm{i}\varphi}\sin\dfrac{\theta}{2} \end{pmatrix} \tag{4.1.5}
$$

上式可表示为 Bloch 球上的一个单位矢量 $(\sin\theta\cos\varphi, \sin\theta\sin\varphi, \cos\theta)$.虽然全局相位可以忽略,但是相对相位 φ 是量子比特状态非常重要的一个量.容易看出,指向正 z 方向

量子计算原理与实践
Quantum Computing Principles and Practices

的单位矢量代表 $|0\rangle$ 态,负 z 方向代表 $|1\rangle$ 态,正 x 方向代表 $(|0\rangle + |1\rangle)/\sqrt{2}$,正 y 方向代表 $(|0\rangle + \mathrm{i}|1\rangle)/\sqrt{2}$,$(|0\rangle + |1\rangle)/\sqrt{2}$ 与 $(|0\rangle + \mathrm{i}|1\rangle)/\sqrt{2}$ 的相对相位(φ)差了 $90°$.

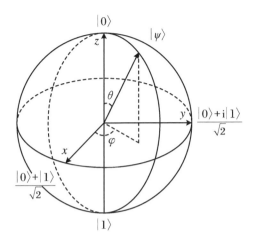

图 4.1.1　Bloch 球

2. 算符及其矩阵表达形式

介绍量子态时,还离不开量子力学中的一个重要概念——算符.算符作用到一个量子态上会得到一个量子态,这个作用可以是保持不变或者某种旋转等.为了便于理解,算符可以类比于函数,其自变量、因变量均为量子态.上面我们介绍过,量子态可以用矢量来表示,相对应地,算符可以用矩阵来表示.例如,一个算符 $\hat{A}$($\hat{\ }$ 表示算符)会使 $|1\rangle$,$|2\rangle$,$\cdots$,$|n-1\rangle$ 保持不变,$|n\rangle$ 变一个符号:

$$\hat{A}\,|i\rangle = |i\rangle, \quad i = 1,2,\cdots,n-1$$
$$\hat{A}\,|i\rangle = -\,|i\rangle, \quad i = n \tag{4.1.6}$$

$\hat{A}$ 可以用一个矩阵表示:

$$\hat{A} = \begin{bmatrix} \langle 1|\hat{A}|1\rangle & \langle 1|\hat{A}|2\rangle & \cdots & \langle 1|\hat{A}|n-1\rangle & \langle 1|\hat{A}|n\rangle \\ \langle 2|\hat{A}|1\rangle & \langle 2|\hat{A}|2\rangle & \cdots & \langle 2|\hat{A}|n-1\rangle & \langle 2|\hat{A}|n\rangle \\ \vdots & \vdots & & \vdots & \vdots \\ \langle n-1|\hat{A}|1\rangle & \langle n-1|\hat{A}|2\rangle & \cdots & \langle n-1|\hat{A}|n-1\rangle & \langle n-1|\hat{A}|n\rangle \\ \langle n|\hat{A}|1\rangle & \langle n|\hat{A}|2\rangle & \cdots & \langle n|\hat{A}|n-1\rangle & \langle n|\hat{A}|n\rangle \end{bmatrix}$$

$$= \begin{pmatrix} 1 & 0 & \cdots & 0 & 0 \\ 0 & 1 & \cdots & 0 & 0 \\ \vdots & \vdots & & \vdots & \vdots \\ 0 & 0 & \cdots & 1 & 0 \\ 0 & 0 & \cdots & 0 & -1 \end{pmatrix} \qquad (4.1.7)$$

也就是说,对于一个算符,其矩阵表示的矩阵元为

$$A_{ij} = \langle i \,|\, \hat{A} \,|\, j \rangle \qquad (4.1.8)$$

利用矩阵和矢量的乘法,可以验证(4.1.7)式中的矩阵满足(4.1.6)式.

在量子力学中,物理量都有对应的算符,例如位置算符 $\hat{x}$、动量算符 $\hat{p}$、角动量算符 $\hat{J}$、能量算符 $\hat{E}$,等等.在没有混淆的情况下,算符上的^可以省略,例如 x, p, J, E.

自旋角动量算符

微观粒子也有角动量,其角动量是量子化的,只能取一些离散的数值,能量也只是取一些离散的数值.自旋是角动量的一种,核自旋通常用符号 I 表示.在核磁共振中,观测的就是核自旋的信号.前文介绍过,利用核磁共振做量子计算,一般使用自旋量子数为 $1/2$ 的核($I=1/2$),在没有磁场时,这种核自旋只有一个能级.在磁场中,自旋能级会发生塞曼劈裂,一个能级会变为 $2I+1=2$ 个能级,称为塞曼能级.而这两个能级所对应的状态是自旋与外磁场平行或反平行两种状态,往往被用作量子比特的 $|0\rangle$ 和 $|1\rangle$,量子比特的状态就可以表示为这两个状态展开的态空间中的一个矢量.当取外磁场的方向为 z 方向时,量子比特的自旋角动量在 x, y, z 方向的三个分量所对应的算符 I_x, I_y, I_z 可以用 Pauli 矩阵表达如下:

$$\boldsymbol{\sigma}_x = \begin{pmatrix} 0 & 1 \\ 1 & 0 \end{pmatrix}, \quad \boldsymbol{\sigma}_y = \begin{pmatrix} 0 & -\mathrm{i} \\ \mathrm{i} & 0 \end{pmatrix}, \quad \boldsymbol{\sigma}_z = \begin{pmatrix} 1 & 0 \\ 0 & -1 \end{pmatrix} \qquad (4.1.9)$$

$$I_i = \frac{\hbar}{2} \sigma_i, \quad i = x, y, z \qquad (4.1.10)$$

密度算符与密度矩阵

密度算符是描述一个微观状态的算符.如果将一个量子态记为 $|\psi\rangle$,那么它对应的密度算符是 $|\psi\rangle\langle\psi|$,$\langle\psi|$ 为 $|\psi\rangle$ 的转置共轭.如果 $|\psi\rangle = \begin{pmatrix} a \\ b \end{pmatrix}$,那么其密度算符的矩阵形式,即密度矩阵为 $|\psi\rangle\langle\psi|$:

$$\boldsymbol{\rho} = |\psi\rangle\langle\psi| = |a|^2 \,|0\rangle\langle 0| + |b|^2 \,|1\rangle\langle 1| + ab^* \,|0\rangle\langle 1| + a^* b \,|1\rangle\langle 0|$$

$$= \begin{pmatrix} a \\ b \end{pmatrix} (a^* \quad b^*) = \begin{pmatrix} |a|^2 & ab^* \\ a^* b & |b|^2 \end{pmatrix} \qquad (4.1.11)$$

密度矩阵是比态矢量使用更广泛的一种描述量子态的方法,原因是态矢量方法只能描述纯态,而密度矩阵方法既可以描述纯态也可以描述混合态.

3. 量子态的测量

我们在前文介绍过,在量子世界中,测量不同于经典测量.在量子力学中,任何一种测量都有对应于它的一个算符,对一个量子态进行某种测量后,量子体系的状态会随机地塌缩到该测量的一个本征态上,测量结果是该本征态对应的本征值.若这个量子态有多个拷贝,对这些拷贝测量后,会得到不同的本征态.得到的各个本征态的概率,由最初的量子态决定.

这里我们以测量一个自旋为 1/2 的系统的自旋 z 分量 I_z 为例.如果系统处于量子态 $a|0\rangle + b|1\rangle$,则会以 $|a|^2$ 的概率得到 $|0\rangle$ 态为测量后状态,并得到 $\frac{\hbar}{2}$ 的测量结果;会以 $|b|^2$ 的概率得到 $|1\rangle$,并得到 $-\frac{\hbar}{2}$ 的测量结果.$|0\rangle$ 和 $|1\rangle$ 都是 I_z 的本征态,对应的本征值分别为 $\frac{\hbar}{2}$ 和 $-\frac{\hbar}{2}$.若量子态 $a|0\rangle + b|1\rangle$ 有多个拷贝,则多次测量 I_z 的平均值(一个算符的测量平均值常记为 $\langle\ \rangle$)为

$$\langle I_z \rangle = |a|^2 \frac{\hbar}{2} - |b|^2 \frac{\hbar}{2} = \mathrm{Tr}(I_z \rho) \tag{4.1.12}$$

核磁共振系统中可测量的物理量是样品的横向磁化矢量,即 x-y 方向的磁化矢量.磁化矢量正比于角动量.所以可以认为 x-y 平面内的自旋角动量为可观测量,其对应的测量算符为 σ_x 和 σ_y(这里,$\frac{\hbar}{2}$ 都被省略了).如果要测 z 方向的自旋角动量 σ_z,则需要使用脉冲将 z 方向的角动量转到 x-y 平面后进行测量.

4.1.3　实验内容

(1) 观测 Bloch 球中量子态以及测量单比特状态的 x,y,z 三个方向的角动量.

利用 SpinQuasar 中的内置模拟模块,观测 $|0\rangle$,$|1\rangle$,$\frac{1}{\sqrt{2}}|0\rangle + \frac{1}{\sqrt{2}}|1\rangle$,$\frac{1}{\sqrt{2}}|0\rangle + \frac{i}{\sqrt{2}}|1\rangle$ 四个状态在 Bloch 球中的位置,并记录这四个状态在 z,x,y 三个方向的投影值.这三个投

影值对应 z,x,y 方向的角动量. 使用 SpinQuasar 的内置实验模块制备这四个状态,测量其三个方向的角动量,与模拟结果进行对比.

(2) 观测两比特不同计算基矢态以及均匀叠加态的密度矩阵.

在实验原理部分,我们介绍了单比特的计算基矢态为 $|0\rangle$ 和 $|1\rangle$,对多比特来说,其量子状态的矢量空间是单比特矢量空间的直积. 以两比特为例,其态空间的基矢是 $|00\rangle$, $|01\rangle,|10\rangle,|11\rangle$. 两比特的态就是这组基矢展开的四维复数矢量空间的一个单位矢量. 利用 SpinQuasar 中的内置模拟模块,观测这四个基矢以及它们的均匀叠加态对应的密度矩阵的形式,并利用 SpinQuasar 中的内置实验模块,制备这四个基矢态,与模拟结果进行对比.

图 4.1.2 和图 4.1.3 所示的两个界面分别是 SpinQuasar 中的内置单比特实验界面和内置双比特实验界面,可以从下拉菜单中选择要制备的态.

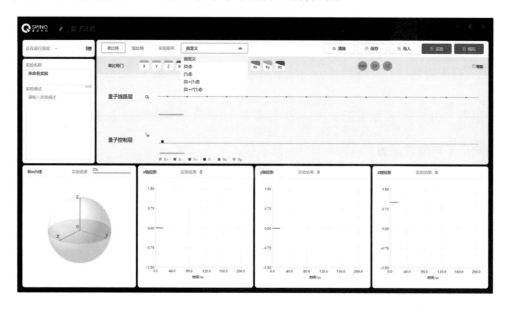

图 4.1.2　SpinQuasar 内置单比特实验界面

4.1.4　思考与提高

在单比特实验和两比特实验中,分别是哪个量子态的实验结果最接近模拟结果,哪个量子态的实验结果和模拟结果差别较大? 思考这是为什么.

[**参考答案**]　最接近模拟结果的实验结果分别是 $|0\rangle$ 和 $|00\rangle$,需要使用量子门个数

较多的量子态的实验结果和模拟结果差别较大.

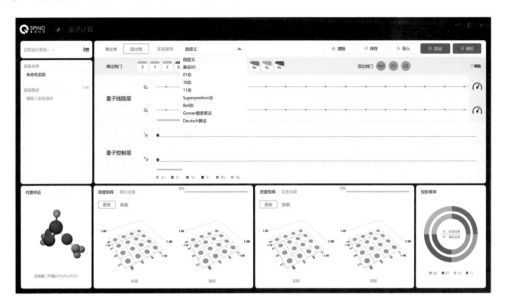

图 4.1.3　SpinQuasar 内置双比特实验界面

4.2　单量子比特门的练习

4.2.1　引言

　　在经典计算中,逻辑门可以实现二进制加法、乘法等,进而实现各种复杂的计算功能.量子计算机有量子逻辑门,能将一个量子态变化为另一个量子态.量子计算通过对量子态进行一系列量子门操作来实现某些逻辑功能.在量子计算中,单比特逻辑门和两比特 CNOT 逻辑门构成了一个通用量子门集合,即利用单比特门和 CNOT 门的组合,可以实现任意量子门操作.本实验的重点是:通过在不同的初始态上实现一些基本的单比特门,进一步熟悉 Bloch 球这一物理图像,学习在核磁共振系统中实现单比特门的方法:单比特门由射频脉冲实现.并且理解任意的单比特门都可以由 x,y 方向的旋转门来实现.

4.2.2 实验原理

1. 量子态演化和量子门

在上个案例中,我们讲解了算符的概念,算符作用到一个量子态上会得到一个量子态.本案例所考虑的量子逻辑门就可以用算符来表示,这里我们将其记为 U, $|\psi(t_2)\rangle = U|\psi(t_1)\rangle$, $|\psi(t_1)\rangle$ 与 $|\psi(t_2)\rangle$ 分别是逻辑门作用之前和作用之后的状态.量子逻辑门对应的算符比较特别,是幺正算符,即 $UU^\dagger = I$, I 是一个单位矩阵,对角元都是1,非对角元都是0.作用于单量子比特的 U 被称为单比特量子门,作用于多量子比特的 U 被称为多比特量子门.由于一个量子比特有 $|0\rangle$ 和 $|1\rangle$ 两个基本状态,单量子比特状态可以表示为一个 2×1 维矢量,n 量子比特状态可以表示为一个 $2^n \times 1$ 维矢量.作用到 n 量子比特系统上的 U 的矩阵表示的维数是 $2^n \times 2^n$.

我们以一个单比特门为例:

$$U = \begin{pmatrix} 0 & 1 \\ 1 & 0 \end{pmatrix} \tag{4.2.1}$$

假设 $|\psi(t_1)\rangle = |0\rangle = \begin{pmatrix} 1 \\ 0 \end{pmatrix}$,那么 $|\psi(t_2)\rangle = U|\psi(t_1)\rangle = \begin{pmatrix} 0 & 1 \\ 1 & 0 \end{pmatrix}\begin{pmatrix} 1 \\ 0 \end{pmatrix} = \begin{pmatrix} 0 \\ 1 \end{pmatrix} = |1\rangle$.这是一个和经典计算中的非门类似的量子门,能将 $|0\rangle$ 变为 $|1\rangle$.还可以验证,这个量子门也可以将 $|1\rangle$ 变为 $|0\rangle$. U 的转置共轭也具有 $\begin{pmatrix} 0 & 1 \\ 1 & 0 \end{pmatrix}$ 的形式.易验证 $UU^\dagger = I$,这样的特性使得其作用于量子态后仍能保证量子态矢量的归一性.

下面我们考虑一下量子逻辑门是怎么来实现的.在量子力学中,量子系统的状态变化满足薛定谔方程

$$i\hbar \frac{d|\psi(t)\rangle}{dt} = \hat{H}|\psi(t)\rangle \tag{4.2.2}$$

解薛定谔方程(假设 $\hat{H}$ 是不随时间变化的),可以得到

$$|\psi(t_2)\rangle = e^{-i(t_2-t_1)\hat{H}/\hbar}|\psi(t_1)\rangle \tag{4.2.3}$$

所以,经过一段时间的演化,量子态从 $|\psi(t_1)\rangle$ 变为了 $|\psi(t_2)\rangle$,这个过程可以看作对量子态进行了一个量子门操作 $U = e^{-i(t_2-t_1)\hat{H}/\hbar}$, U 又称为演化算符.

从上面的分析可知,通过控制 $\hat{H}$ 以及 $t_2 - t_1$ 就可以实现特定的量子逻辑门.
本实验我们主要关注单比特门.

下面我们来看一下比较重要的单比特门,有 Hadamard 门、T 门:

$$H = \frac{1}{\sqrt{2}} \begin{bmatrix} 1 & 1 \\ 1 & -1 \end{bmatrix}, \quad T = \begin{bmatrix} 1 & 0 \\ 0 & e^{\frac{i\pi}{4}} \end{bmatrix} \tag{4.2.4}$$

Hadamard 门作用到 $|0\rangle$ 态,会得到 $(|0\rangle + |1\rangle)/\sqrt{2}$;作用到 $|1\rangle$ 态,会得到 $(|0\rangle - |1\rangle)/\sqrt{2}$,所以 Hadamard 门将基矢态变为了均匀叠加态.T 门并不会改变量子态在 $|0\rangle$ 和 $|1\rangle$ 态上的分布概率,但是会改变 $|0\rangle$ 和 $|1\rangle$ 态间的相对相位,将相对相位增加了 $\frac{\pi}{4}$.

另一类比较重要的单比特门就是 Pauli 门:

$$\boldsymbol{\sigma}_x = \begin{bmatrix} 0 & 1 \\ 1 & 0 \end{bmatrix}, \quad \boldsymbol{\sigma}_y = \begin{bmatrix} 0 & -i \\ i & 0 \end{bmatrix}, \quad \boldsymbol{\sigma}_z = \begin{bmatrix} 1 & 0 \\ 0 & -1 \end{bmatrix} \tag{4.2.5}$$

$\boldsymbol{\sigma}_x$ 就是我们在前面例子中提到的非门(NOT 门),它将 $|0\rangle$ 变为 $|1\rangle$,将 $|1\rangle$ 变为 $|0\rangle$.由 Pauli 门,可以进一步得到一类非常重要的门——旋转门:

$$R_x(\theta) = e^{-i\frac{\theta\sigma_x}{2}}, \quad R_y(\theta) = e^{-i\frac{\theta\sigma_y}{2}}, \quad R_z(\theta) = e^{-i\frac{\theta\sigma_z}{2}} \tag{4.2.6}$$

上式给出的门操作在 Bloch 球中有很形象的体现:它们可将系统状态所对应的矢量(同时也是自旋角动量矢量)分别绕 x,y,z 轴旋转 θ 角.

对于任意一个单比特门 U,有 Bloch 定理:存在实数 $\alpha,\beta,\gamma,\delta$,满足

$$U = e^{i\alpha} R_x(\beta) R_y(\gamma) R_x(\delta) \tag{4.2.7}$$

可以看出,只需要有绕 x 和 y 轴的旋转就能实现任意的单量子比特门.

2. 核磁共振中的单比特门

一般约定外界静磁场 $\boldsymbol{B}_0$ 的方向为 z 轴方向,自旋为 1/2 的系统与外磁场相互作用的哈密顿量的矩阵形式为

$$H_Z = -\gamma B_0 \boldsymbol{I}_z = \omega_0 \boldsymbol{I}_z = \omega_0 \hbar \begin{bmatrix} 1/2 & 0 \\ 0 & -1/2 \end{bmatrix} \tag{4.2.8}$$

其中 γ 为核自旋的旋磁比,$\omega_0 = -\gamma B_0$ 为拉莫频率,$\boldsymbol{I}_z$ 为自旋算符 z 分量.(4.2.8)式中哈密顿量有两个本征态,即 $|0\rangle$ 和 $|1\rangle$,对应的能级的能量为 $\omega_0 \hbar/2$ 与 $-\omega_0 \hbar/2$,其能级差为 $\omega_0 \hbar$.由于 $|0\rangle$ 和 $|1\rangle$ 是 H_Z 的本征态,H_Z 作用下的系统演化并不能改变自旋在 $|0\rangle$ 和

$|1\rangle$ 上的概率分布.换句话说,如果量子比特处于 $|0\rangle$,在 H_z 作用下,它会一直处于 $|0\rangle$;如果它开始处于 $|1\rangle$,在 H_z 作用下,它会一直处于 $|1\rangle$.所以,只有 H_z 存在的话,无法将量子态在 $|0\rangle$ 和 $|1\rangle$ 间变换,所以是做不了量子计算的.

为了能实现对核自旋的主动操控,需要引入方向在 x-y 平面内的射频场 $B_1(t)$.射频场是指变化频率在射频范围(20 kHz~300 GHz)内的磁场. $B_1(t)$ 通常以和核自旋的拉莫频率相同的频率绕 z 轴旋转,即和核自旋同速转动,如图 4.2.1 所示.一般会采用绕 z 轴以拉莫频率旋转的旋转坐标系来分析核自旋的演化.在这个坐标系中 B_1 的方向是静止的,其哈密顿量为

$$H_{\mathrm{rf}}^{\mathrm{rot}} = \omega_1(\cos \phi I_x + \sin \phi I_y) \tag{4.2.9}$$

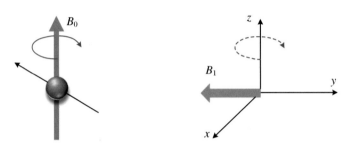

图 4.2.1 施加的射频脉冲 B_1 和核自旋以相同的频率绕 z 轴旋转

这是一个使自旋围绕 B_1 方向做旋转的哈密顿量.其中选取相位 ϕ 可以实现对转动轴的调制. $\phi = 0$ 时,自旋绕 x 轴旋转; $\phi = 90°$ 时,自旋绕 y 轴旋转. $\omega_1 = \gamma B_1$ 决定了旋转频率.具体的旋转实例如图 4.2.2 所示:第一个旋转是 $\phi = 90°$, $\omega_1 t = 90°$;第二个旋转是 $\phi = 180°$, $\omega_1 t = 90°$;第三个旋转是 $\phi = 90°$, $\omega_1 t = 180°$;第四个旋转是 $\phi = 180°$, $\omega_1 t = 270°$.

将自旋绕 x, y 轴旋转,就可以改变自旋在 $|0\rangle$ 和 $|1\rangle$ 上的概率分布.换另一种方式理解,当射频脉冲能量和核自旋两个能级差相同时(射频脉冲频率与拉莫频率相同,共振条件),脉冲可以控制核自旋在 $|0\rangle$ 和 $|1\rangle$ 态之间变换.在核磁共振实验中,射频场是控制自旋的最重要的手段.

由上面分析可知,由于核磁共振可以实现绕 x, y 轴的单比特旋转门,结合(4.2.7)式可知,利用射频脉冲可以实现任意单比特门.

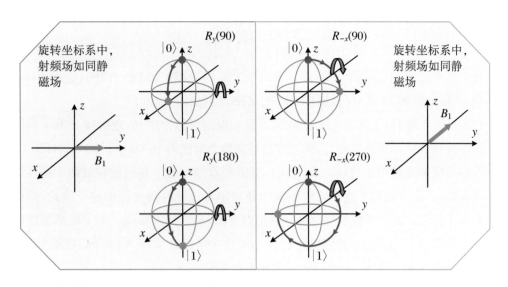

图 4.2.2　射频场对核自旋的旋转效果示例

4.2.3　实验内容

（1）练习 H 门、X90 门、X180 门的使用.

H 门是个单比特门，其作用效果是

$$H\,|0\rangle = (|0\rangle + |1\rangle)/\sqrt{2} \tag{4.2.10}$$

$$H\,|1\rangle = (|0\rangle - |1\rangle)/\sqrt{2} \tag{4.2.11}$$

上面这两个态我们常称为 $|0\rangle$ 和 $|1\rangle$ 的均匀叠加态，因为在 $|0\rangle$ 和 $|1\rangle$ 上的概率均为 1/2；两者的不同之处在于 $|0\rangle$ 和 $|1\rangle$ 态的相对相位.

X90 门是使自旋绕 x 轴转动 90° 的操作，矩阵形式如下：

$$\boldsymbol{X}90 = \mathrm{e}^{-\mathrm{i}\frac{\pi\sigma_x}{4}} = \frac{1}{\sqrt{2}}\begin{bmatrix} 1 & -\mathrm{i} \\ -\mathrm{i} & 1 \end{bmatrix} \tag{4.2.12}$$

容易验证，X90 作用到 $|0\rangle$ 态或 $|1\rangle$ 态上后，也可得到一个 $|0\rangle$ 和 $|1\rangle$ 的概率均为 1/2 的叠加态，与 H 末态的区别也在于末态中 $|0\rangle$ 和 $|1\rangle$ 态的相对相位.

X180 门是使自旋绕 x 轴转动 180° 的操作（也即 Pauli 门 σ_x），它等于进行两次 X90 的操作，矩阵形式如下：

$$X180 = \begin{bmatrix} 0 & 1 \\ 1 & 0 \end{bmatrix} \qquad (4.2.13)$$

类似的单比特门还有绕 y 轴旋转 90°的 Y90 门,旋转 180°的 Y180(也即 Pauli 门 σ_y);绕 z 轴旋转 90°的 Z90 门,旋转 180°的 Z180 门(也即 Pauli 门 σ_z).

(2)观察实现 H 门、X90 门、X180 门的量子控制层脉冲序列,理解绕 x 和 y 轴的旋转就能实现任意的单量子比特门,并在理论与实验上对比两个 X90 门与一个 X180 门.

我们在实验原理中讲过((4.2.7)式),只需要有绕 x 和 y 轴的旋转就能实现任意的单量子比特门.虽然我们不能在实验中遍历任意单量子比特门来证明这个结论,但我们从上一步中量子门的量子控制层脉冲序列可以看出,它们只需要绕 x 和 y 轴的旋转的脉冲.我们还可以用一个例子来简单演示一下:利用 X90 门来实现 X180 门.理论上,X180 门可以由两个 X90 门实现.读者可以在实验上也验证一下.

上面讨论的所有门都是单比特门.而"双子座"样品是两比特样品,初始态在 $|00\rangle$ 态,我们将只使用第一个比特来进行单比特门的练习.图 4.2.3 给出了含有量子门信息的帮助列表界面.

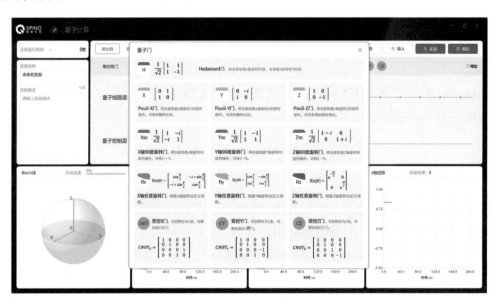

图 4.2.3　SpinQuasar 中的量子门帮助列表界面

图 4.2.4 和图 4.2.5 分别实现了 X180 门和两个 X90 门的量子线路,可以看出这两种情况的模拟结果相同.

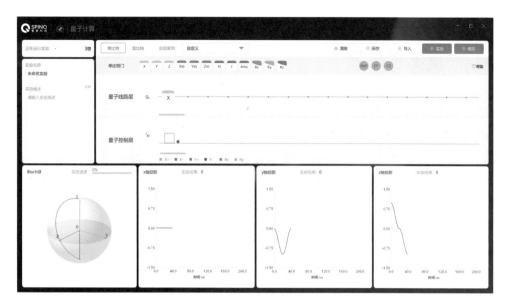

图 4.2.4　X180 门序列与模拟结果

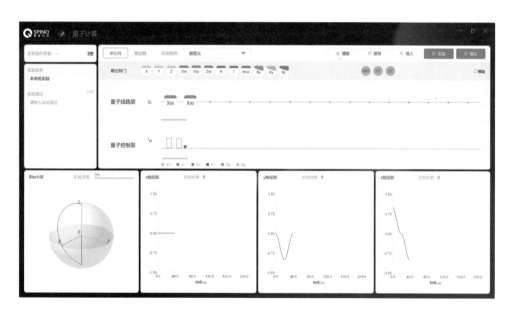

图 4.2.5　两个 X90 门序列与模拟结果

4.2.4　思考与提高

(1) 用 X90,Y90 和 Z90 的任意组合搭建门电路,理论计算门电路执行完毕后最终态的投影值.记录组合方式并通过实验实现.

(2) 从实验结果来看,当电路中需要对量子比特绕 x 轴旋转 $180°$ 时,是采用一个 X180 门精确,还是采用两个 X90 门精确? 请分析原因.(提示:从两种情况的脉冲序列分析.)

[参考答案]　当电路中需要对量子比特绕 x 轴旋转 $180°$ 时,采用一个 X180 门比采用两个 X90 门更精确.实现两个 X90 需要两个脉冲,实现一个 X180 需要一个脉冲.每个脉冲都有误差,多个脉冲误差会累积,所以在优化线路时,减少脉冲数量也包含在内.

(3) 如果有一段量子门组合:H,X90,X90,H,为了得到更精确的实验结果,我们需要进行优化吗? H,X180,H 呢? 如果需要,该如何优化? (提示:从两种情况的脉冲序列分析.)

[参考答案]　需要优化.H,X90,X90,H 中的两个 X90 可以合为 X180.由于 H 是由一个 Y90 和一个 X180 来实现的,第一个 H 中的 X180 和后面的 X180 可以合并(两个连续的 X180 的效果与单位矩阵相同),因此 H,X180,H 可以进一步优化为 Y90,H,并进一步优化为 Y180,X180.

4.3　拉比振荡和脉冲标定

4.3.1　引言

拉比振荡是一类非常重要的物理现象,它指的是二能级量子系统在周期性驱动场作用下的行为.拉比振荡广泛存在于凝聚态、原子物理、高能物理等领域.在核磁共振系统中,核自旋在脉冲作用下的拉比振荡也是一个很重要的现象.在量子计算中,无论是核磁共振量子计算还是其他的量子计算系统,拉比振荡都尤其重要,因为它是校准量子门的重要手段,而只有校准了量子门,才有可能成功实现量子计算.本实验的重点是:通过测量拉比振荡,加深对核磁共振原理的理解;进一步掌握在核磁共振系统中实现单比特门的方法;单比特门由射频脉冲实现;学习核磁共振量子计算中量子门校准的方法.

4.3.2 实验原理

1. 核自旋的拉比振荡

自旋为$1/2$的核自旋与外界z方向静强磁场$\boldsymbol{B}_0$相互作用,其哈密顿量的矩阵形式为

$$H_Z = -\gamma B_0 I_z = \omega_0 I_z = \omega_0 \hbar \begin{pmatrix} 1/2 & 0 \\ 0 & -1/2 \end{pmatrix} \tag{4.3.1}$$

其中γ为核自旋的旋磁比,$\omega_0 = -\gamma B_0$为拉莫频率,I_z为自旋算符z分量.上式中哈密顿量有两个本征态,记为$|0\rangle$和$|1\rangle$,其能级差为$\omega_0 \hbar$,这个能级劈裂就是塞曼劈裂.而该二能级系统就可以用作一个量子比特.

上一个案例中我们提到,系统在这个哈密顿量作用下的演化不能改变自旋在$|0\rangle$和$|1\rangle$上的概率分布.下面来具体求解一下.将H_Z代入薛定谔方程,可解出演化算符:

$$U = \mathrm{e}^{-\mathrm{i}(t_2-t_1)\omega_0 I_z} = \begin{pmatrix} \mathrm{e}^{-\mathrm{i}(t_2-t_1)\frac{\omega_0}{2}} & 0 \\ 0 & \mathrm{e}^{\mathrm{i}(t_2-t_1)\frac{\omega_0}{2}} \end{pmatrix} \tag{4.3.2}$$

假设初始态为$|\psi(t_1)\rangle = a|0\rangle + b|1\rangle$,$|a|^2 + |b|^2 = 1$,则可求得$|\psi(t_2)\rangle$:

$$\begin{aligned} |\psi(t_2)\rangle = U|\psi(t_1)\rangle &= a\mathrm{e}^{-\mathrm{i}(t_2-t_1)\frac{\omega_0}{2}}|0\rangle + b\mathrm{e}^{\mathrm{i}(t_2-t_1)\frac{\omega_0}{2}}|1\rangle \\ &= \mathrm{e}^{-\mathrm{i}(t_2-t_1)\frac{\omega_0}{2}}(a|0\rangle + b\mathrm{e}^{\mathrm{i}(t_2-t_1)\omega_0}|1\rangle) \end{aligned} \tag{4.3.3}$$

$\mathrm{e}^{-\mathrm{i}(t_2-t_1)\frac{\omega_0}{2}}$为全局相位,并无可观测的物理效应,可忽略.随着$t_2$逐渐增大,$|\psi(t_2)\rangle$所对应的矢量在Bloch球里绕着$z$轴以角频率$\omega_0$旋转,转过的角度为$(t_2-t_1)\omega_0$.所以$H_Z$是一个使自旋绕$z$方向旋转的哈密顿量,这个旋转就是拉莫进动.从(4.3.3)式可以看出,自旋在$|0\rangle$和$|1\rangle$上的概率分布并不随时间变化.所以,只有H_Z存在的话,无法将量子态在$|0\rangle$和$|1\rangle$间变换,是做不了量子计算的.量子态在$|0\rangle$和$|1\rangle$间变换需要x-y平面内的射频场$\boldsymbol{B}_1(t)$来实现.$\boldsymbol{B}_1(t)$通常以和核自旋的拉莫频率相同的频率绕z轴旋转,即和

核自旋同速转动.在绕 z 轴以拉莫频率旋转的旋转坐标系中,射频脉冲的哈密顿量为

$$H_{\text{rf}}^{\text{rot}} = \omega_1(\cos\phi I_x + \sin\phi I_y) \tag{4.3.4}$$

将 $H_{\text{rf}}^{\text{rot}}$ 和 H_z 的形式进行对比,可以看出 $H_{\text{rf}}^{\text{rot}}$ 是一个使自旋围绕 $\boldsymbol{B}_1$ 方向做旋转的哈密顿量.其中选取相位 ϕ 可以实现对转动轴的调制. $\omega_1 = \gamma B_1$ 决定了旋转频率,转过的角度为 $(t_2 - t_1)\omega_1$.假设 $\phi = 0$, $|\psi(t_1)\rangle = |0\rangle$,具体解薛定谔方程可得

$$|\psi(t_2)\rangle = \cos\left[(t_2 - t_1)\frac{\omega_1}{2}\right]|0\rangle - \mathrm{i}\sin\left[(t_2 - t_1)\frac{\omega_1}{2}\right]|1\rangle \tag{4.3.5}$$

所以,在 t_2 时刻,量子态处于 $|0\rangle$ 的概率为 $\cos^2\left[(t_2 - t_1)\dfrac{\omega_1}{2}\right]$,量子态处于 $|1\rangle$ 的概率为 $\sin^2\left[(t_2 - t_1)\dfrac{\omega_1}{2}\right]$,因此随着时间变化,量子态在 $|0\rangle$ 和 $|1\rangle$ 两种状态间来回振荡,这就是拉比振荡(图 4.3.1). $(t_2 - t_1)\omega_1 = \dfrac{\pi}{2}$ 时, $|\psi(t_2)\rangle$ 处于 $|0\rangle$ 和 $|1\rangle$ 的等概率叠加态 $(|0\rangle - \mathrm{i}|1\rangle)/\sqrt{2}$,在 Bloch 球中,它的自旋矢量处于 $-y$ 轴,也就是说将自旋从 z 轴绕 x 轴旋转了 $90°$. $(t_2 - t_1)\omega_1 = \pi$ 时, $|\psi(t_2)\rangle$ 为 $|1\rangle$,所以是把自旋从 z 轴绕 x 轴旋转 $180°$ 到达了 $-z$ 轴.

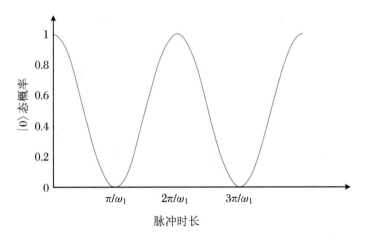

图 4.3.1 拉比振荡的 $|0\rangle$ 态概率变化曲线

2. 脉冲标定

在核磁共振实验中,射频场是控制自旋的最重要的手段.而核磁共振量子计算中的单比特门就是通过射频场实现的.通过调节射频场的相位,可以选择自旋的旋转轴;通过

量子计算原理与实践
Quantum Computing Principles and Practices

控制射频场的强度和施加时间,可以决定旋转角度是多少.由 Bloch 定理可知,有了绕 x 和 y 轴的旋转就能实现任意的单量子比特门.

这一节,我们考虑这个问题:怎样设置射频场的强度和施加时间,才能实现一个特定的旋转门呢? 这就需要对脉冲进行标定,方法就是测量拉比振荡曲线.在核磁共振系统中,核自旋信号强度正比于核自旋的横向磁矩分量,也就是在 x-y 平面内的磁矩分量.如果核自旋处于 $|0\rangle$ 态(z 方向)或 $|1\rangle$ 态($-z$ 方向),是没有信号的.图 4.3.1 给出了 $|\psi(t_2)\rangle$ 在 $|0\rangle$ 态的概率随着脉冲的施加发生的振荡,图 4.3.2 给出了 $|\psi(t_2)\rangle$ 横向磁矩的振荡.不难理解,$|\psi(t_2)\rangle$ 横向磁矩绝对值的最小值取于 $|\psi(t_2)\rangle$ 的 $|0\rangle$ 态概率为 1 或为 0 时,横向磁矩绝对值的最大值取于 $|\psi(t_2)\rangle$ 的 $|0\rangle$ 态概率为 $1/2$ 时.在实验中,我们从 $|0\rangle$ 态出发,施加一个有确定功率且与自旋共振的射频脉冲,不停地变化脉冲时间,测出图 4.3.2 所示的曲线后,就可以知道 $t_2 - t_1$ 取什么数值时,可以实现一个 $90°$ 旋转,或是实现一个 $180°$ 旋转,或是其他任意角度的旋转.这就是固定脉冲功率标定脉冲时长的方法. 还可以固定脉冲时长,改变脉冲功率,也可以测出图 4.3.2 所示曲线,这是固定脉冲时长标定脉冲功率的方法.具体的脉冲标定采用什么方法,由具体的实验要求、实验目的等决定.

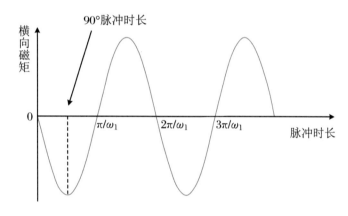

图 4.3.2　拉比振荡的横向磁矩变化曲线

还需要指出的是,核磁共振系统的脉冲标定并不需要从 $|0\rangle$ 态出发,从热平衡态出发即可,因为热平衡态的自旋也是在 z 方向,施加共振脉冲后测出的振荡曲线也如图 4.3.2 所示.

4.3.3　实验内容

标定[1]H 核和[31]P 核的 $90°$ 脉冲和 $180°$ 脉冲.使用固定脉冲功率、改变脉冲时长的方法,测出拉比振荡曲线.如图 4.3.3 所示.

图 4.3.3　SpinQuasar 测量拉比振荡的界面

4.3.4　思考与提高

理论上,180°脉冲宽度是 90°脉冲宽度的两倍.实验结果是这样吗? 思考为什么.

[**参考答案**]　实际脉冲往往并不是完美的矩形,所以 180°脉冲宽度严格来说并不是 90°脉冲宽度的两倍.在很多实验中,180°脉冲宽度是 90°脉冲宽度的两倍是一个比较好的近似.

4.4　弛豫时间测量

4.4.1　引言

弛豫是量子系统中的一个重要的现象,是指系统回到热平衡态的过程.弛豫时间指这个回到热平衡态过程的一个特征时间,可以表征该过程的快慢.在核磁共振波谱学中,测量核自旋的弛豫时间有很多用途,例如可以确定物质成分、研究分子结构、研究化学反应等.在量子计算中,弛豫时间往往对应于量子比特的寿命.本实验的重点是:了解弛豫时间的物理含义;学习核磁共振系统中弛豫时间的测量方法.

4.4.2　实验原理

1. 弛豫与量子比特寿命

由于与环境的相互作用,量子比特的状态具有有限的寿命,很难保持不变.这个变化过程通常为弛豫过程.有两种常见弛豫,即横向弛豫与纵向弛豫.在核磁共振系统中,纵向弛豫是指核自旋的纵向极化恢复到热平衡态的过程.横向弛豫是指核自旋的横向极化恢复到零的过程.这两种弛豫都有其特征时间,分别为 T_1 和 T_2. T_2 是横向极化减少到初始值 $1/e$ 所需的时间, T_1 是从纵向极化为 0 恢复到其热平衡态强度的 $1-1/e$ 所需要的时间(图 4.4.1).

横向弛豫其实就是退相干过程,会使纯态退化为混合态、使保存的量子态发生错误,或者是减小量子门的保真度,往往对量子计算来说是有害的.纵向弛豫会改变系统在 $|0\rangle$ 和 $|1\rangle$ 上的概率分布,所以也会改变量子态、影响量子门的保真度.另一方面,纵向弛豫可以被用来做量子比特的初始化,将量子比特的极化提高到环境允许的数值,为后续量子计算做准备.

2. 弛豫时间测量方法

由图 4.4.1 可知,核自旋的纵向弛豫过程、横向弛豫过程中,自旋极化的变化一般符合一个指数函数,倘若我们能把这两个过程中自旋的纵向极化($\langle \sigma_z \rangle$)和横向极化($\langle \sigma_x \rangle$ 及 $\langle \sigma_y \rangle$)测出来,用指数函数去拟合,就可以估计出 T_1 和 T_2.

一般使用图 4.4.2 的脉冲序列测量横向弛豫时间 T_2.图 4.4.2 的脉冲序列常被称为自旋回波脉冲序列.第一个 90°脉冲将自旋从热平衡态时的 z 方向旋转到 x-y 平面内,然后测量自旋极化在 x-y 平面内随着时间逐渐减小的过程.这里需要注意的是,第二个脉冲是一个 180°脉冲, x-y 平面内的自旋在这个脉冲后仍在 x-y 平面内.这个脉冲的作用是消除磁场不均匀度对自旋极化的影响.在测出横向极化随时间的衰减曲线后,用式子 Ae^{-t/T_2} 进行拟合,就可以估计出 T_2.

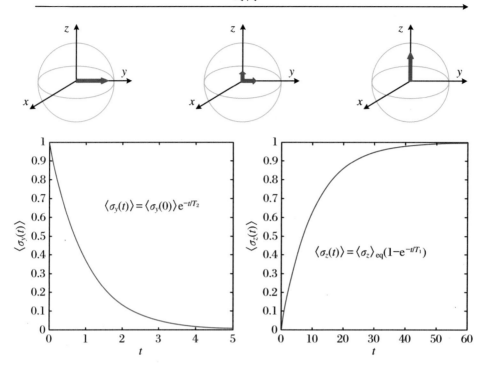

图 4.4.1　单自旋系统的横向弛豫与纵向弛豫过程

Bloch 球中的红色矢量代表了自旋的横向极化,绿色矢量代表了自旋的纵向极化.下面的两个图画出了横向极化和纵向极化的变化曲线.这里假设系统处于绝对零度,则纵向极化到最后可以实现最大值 1,也就是说系统最后处于基态 $|0\rangle$.所以可以利用纵向弛豫过程来对系统进行初始化.

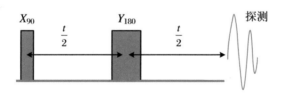

图 4.4.2　测量横向弛豫时间的脉冲序列

　　图 4.4.3 中的脉冲序列常被用于测量纵向弛豫时间 T_1.第一个脉冲是一个 $180°$ 脉冲,将自旋从热平衡态时的 z 方向旋转到 $-z$ 方向,使其在纵向弛豫的影响下随时间逐渐变化.为了测量经过一段时间后的自旋极化,需要将其从 z 轴转到 x-y 平面内进行测量,所以需要一个 $90°$ 脉冲.测出纵向极化随时间变化的曲线后,用式子 $B(1-2e^{-t/T_1})$ 进

量子计算原理与实践
Quantum Computing Principles and Practices

行拟合,就可以估计出 T_1 的大小.这个用于拟合的式子与图 4.4.1 中的式子不同,是因为图 4.4.1 中的纵向极化的起始值为零,而我们使用下面序列测量的纵向极化起始值为热平衡态极化的负值.

图 4.4.3　测量纵向弛豫时间的脉冲序列

4.4.3　实验内容

测量 ^{1}H 核和 ^{31}P 核的纵向弛豫过程和横向弛豫过程,估计纵向弛豫时间 T_1 和横向弛豫时间 T_2.

图 4.4.4 是用来搭建弛豫时间测量脉冲序列的界面.

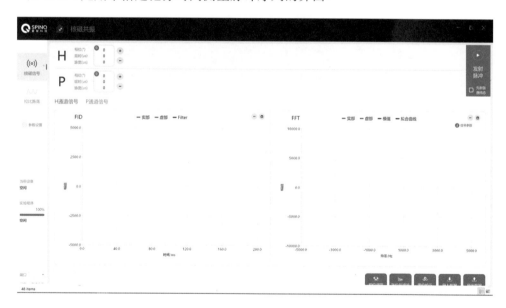

图 4.4.4　搭建弛豫时间测量脉冲序列的界面

^{1}H 的纵向弛豫测量的脉冲序列可以像图 4.4.5 这样构建.

图 4.4.5　^{1}H 的纵向弛豫测量的脉冲序列

　　序号为 0 的脉冲是 180°脉冲(图 4.4.5 中的示例为 20 μs 脉宽),相位为 0(x 轴旋转脉冲),脉冲前不用设置间隔.序号为 1 的脉冲是 90°脉冲(图 4.4.5 中的示例为 10 μs 脉宽),相位为 0(x 轴旋转脉冲),脉冲前的间隔就是 t.为了测量纵向弛豫,进行多次实验,分别将序号为 1 的脉冲前间隔设置为 20 μs,50 μs,100 μs,200 μs,400 μs,1.2 ms,4 ms,12 ms,50 ms,200 ms,1 s,4 s,15 s.

　　^{1}H 的横向弛豫测量的脉冲序列可以像图 4.4.6 这样构建.

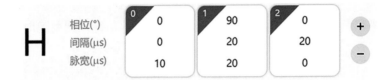

图 4.4.6　^{1}H 的横向弛豫测量的脉冲序列

　　序号为 0 的脉冲是 90°脉冲(图 4.4.6 中的示例是 10 μs 脉宽),相位为 0(x 轴旋转脉冲),脉冲前不用设置间隔.序号为 1 的脉冲是 180°脉冲(图 4.4.6 中的示例是 20 μs 脉宽),相位为 90°(y 轴旋转脉冲),脉冲前的间隔就是 $t/2$.序号为 2 的脉冲,脉宽设置为 0,脉冲前的间隔是 $t/2$,这并不是一个真正意义上的脉冲,这个设置意思为 $t/2$ 的延时.为了测量横向弛豫,进行多次实验,分别将序号为 1 和 2 的脉冲前间隔设置为 10 μs,20 μs,40 μs,80 μs,160 μs,500 μs,1.5 ms,5 ms,20 ms,80 ms,320 ms,1.5 s.

　　^{31}P 的纵向弛豫与横向弛豫时间测量的脉冲序列可以依照上述方法构建.纵向弛豫测量的脉冲序列如图 4.4.7 所示.

　　序号为 0 的脉冲是 180°脉冲,相位为 0,脉冲前不用设置间隔.序号为 1 的脉冲是 90°脉冲,相位为 0,脉冲前的间隔是 t.为了测量纵向弛豫,进行多次实验,分别将序号为 1 的脉冲前间隔设置为 20 μs,50 μs,100 μs,200 μs,400 μs,1.2 ms,4 ms,12 ms,50 ms,250 ms,1.2 s,6 s,20 s.这里采用了与 ^{1}H 测量不同的时间间隔,是因为"双子座"中 ^{31}P 的纵向弛豫时间稍长于 ^{1}H 的纵向弛豫时间.

^{31}P 的横向弛豫测量的脉冲序列如图 4.4.8 所示.

图 4.4.7 ^{31}P 的纵向弛豫测量的脉冲序列

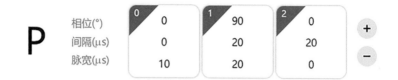

图 4.4.8 ^{31}P 的横向弛豫测量的脉冲序列

序号为 0 的脉冲是 90°脉冲,相位为 0,脉冲前不用设置间隔.序号为 1 的脉冲是 180° 脉冲,相位为 90°,脉冲前的间隔是 $t/2$.序号为 2 的脉冲,脉宽设置为 0,脉冲前的间隔是 $t/2$.为了测量横向弛豫,进行多次实验,分别将序号为 1 和 2 的脉冲前间隔设置为 10 μs, 20 μs,40 μs,80 μs,160 μs,500 μs,1.5 ms,5 ms,20 ms,80 ms,320 ms,1.5 s.

用 Ae^{-t/T_2} 和 $B(1-2e^{-t/T_1})$ 拟合 ^{1}H 和 ^{31}P 的横向弛豫曲线、纵向弛豫曲线,就可得到它们的 T_1 和 T_2 的估计值.

4.5 两比特门练习——CNOT 门真值表

4.5.1 引言

在量子计算中,只有单比特门是不能完成复杂的任务的,还需要多比特门.多比特门有许多种,最重要的一类多比特门是受控 U 门,简单来讲,就是用一个比特的状态来控制其他比特的状态.CNOT 门就是两比特情形下的受控 U 门.CNOT 门很重要的一个原因是单比特门和 CNOT 门构成了一个通用量子门集合,即利用单比特门和 CNOT 门的组合,可以实现任意量子门操作.本实验的重点是:通过在不同的初始态上实现 CNOT 门,理解 CNOT 门作用下控制比特和目标比特的概念,并理解这两个比特状态在 CNOT 门作用下的变化.学习在核磁共振系统中实现两比特量子门的方法:两比特门由射频脉冲结合核之间的耦合来实现.真值表是逻辑运算和经典计算中经常用到的一个概念,用来描述输入和输出之间全部可能状态.在这里,我们借用真值表这个概念来描述量子门取不同输入态时与不同输出态的对应关系.

4.5.2 实验原理

1. CNOT 门

CNOT 门是两比特门,这两个比特一个称为控制比特,另一个称为受控比特.CNOT 门作用效果依赖于控制比特的状态:控制比特是 0 态时,对受控比特不操作;控制比特是 1 态时,对受控比特进行反转操作.当比特 1 为控制比特,比特 2 为受控比特时,作用效果是

$$\text{CNOT}_{12}\,|00\rangle = |00\rangle, \quad \text{CNOT}_{12}\,|01\rangle = |01\rangle \tag{4.5.1}$$

$$\text{CNOT}_{12}\,|10\rangle = |11\rangle, \quad \text{CNOT}_{12}\,|11\rangle = |10\rangle \tag{4.5.2}$$

CNOT 门的矩阵形式是

$$\text{CNOT}_{12} = \begin{pmatrix} 1 & 0 & 0 & 0 \\ 0 & 1 & 0 & 0 \\ 0 & 0 & 0 & 1 \\ 0 & 0 & 1 & 0 \end{pmatrix}$$

那么前面的式子可以表示为矩阵形式:

$$\text{CNOT}_{12}\,(|00\rangle) = \begin{pmatrix} 1 & 0 & 0 & 0 \\ 0 & 1 & 0 & 0 \\ 0 & 0 & 0 & 1 \\ 0 & 0 & 1 & 0 \end{pmatrix} \begin{pmatrix} 1 \\ 0 \\ 0 \\ 0 \end{pmatrix} = \begin{pmatrix} 1 \\ 0 \\ 0 \\ 0 \end{pmatrix} = |00\rangle \tag{4.5.3}$$

$$\mathrm{CNOT}_{12}(|01\rangle) = \begin{pmatrix} 1 & 0 & 0 & 0 \\ 0 & 1 & 0 & 0 \\ 0 & 0 & 0 & 1 \\ 0 & 0 & 1 & 0 \end{pmatrix}\begin{pmatrix} 0 \\ 1 \\ 0 \\ 0 \end{pmatrix} = \begin{pmatrix} 0 \\ 1 \\ 0 \\ 0 \end{pmatrix} = |01\rangle \tag{4.5.4}$$

$$\mathrm{CNOT}_{12}(|10\rangle) = \begin{pmatrix} 1 & 0 & 0 & 0 \\ 0 & 1 & 0 & 0 \\ 0 & 0 & 0 & 1 \\ 0 & 0 & 1 & 0 \end{pmatrix}\begin{pmatrix} 0 \\ 0 \\ 1 \\ 0 \end{pmatrix} = \begin{pmatrix} 0 \\ 0 \\ 0 \\ 1 \end{pmatrix} = |11\rangle \tag{4.5.5}$$

$$\mathrm{CNOT}_{12}(|11\rangle) = \begin{pmatrix} 1 & 0 & 0 & 0 \\ 0 & 1 & 0 & 0 \\ 0 & 0 & 0 & 1 \\ 0 & 0 & 1 & 0 \end{pmatrix}\begin{pmatrix} 0 \\ 0 \\ 0 \\ 1 \end{pmatrix} = \begin{pmatrix} 0 \\ 0 \\ 1 \\ 0 \end{pmatrix} = |10\rangle \tag{4.5.6}$$

2. CNOT 门的核磁共振实现

核磁共振里怎么实现 CNOT 门呢?

如果想实现一个两比特门,用一个比特的状态去控制另一个比特的状态,那么这两个比特需要有某种关系,用物理的语言来说,就是这两个比特要有相互作用.液态核磁共振系统里,量子比特是核自旋,两个核自旋间具有 J 耦合相互作用,这种耦合是由原子之间化学键中的共用电子承载的,所以两个核自旋挨得越近,J 耦合越大,相隔三四个化学键以上的两个核自旋间的耦合就可以忽略不计了,例如图 4.5.1 中的分子.

"双子座"使用的分子是亚磷酸二甲酯(图 4.5.2),分子中的 ^{31}P 和 ^{1}H 分别作为一个比特.这两个核之间的耦合约为 700 Hz.

前文讲到过,微观系统的状态演化由薛定谔方程决定,通过控制系统的哈密顿量 H 以及演化时间,就可以实现特定的量子门.对于单比特门来说,哈密顿量中起作用的是射频脉冲;对于两比特门来说,起作用的就是核自旋间的 J 耦合相互作用.核磁系统中最易实现的是以下两比特门:

$$U_J(t) = \mathrm{e}^{-\mathrm{i}2\pi J I_z^1 I_z^2 t} \tag{4.5.7}$$

这是在 J 耦合作用下的自由演化门,$JI_z^1 I_z^2$ 就是 J 耦合作用的哈密顿量形式.结合 U_J 和一些射频脉冲,就可以实现 CNOT 门:

$$\mathrm{CNOT}_{12} = \mathrm{e}^{\mathrm{i}\frac{\pi}{4}} R_x^1(90) R_y^1(90) R_{-x}^1(90) R_x^2(90) R_{-y}^2(90) U_J\left(\frac{1}{2J}\right) R_y^2(90) \tag{4.5.8}$$

	C_1	C_2	C_3	C_4	C_5	C_6	C_7	H_1	H_2	H_3	H_4	H_5
C_1	30020.09											
C_2	57.58	8780.39										
C_3	−2.00	32.67	6245.45									
C_4	0.02	0.30	0.00	10333.53								
C_5	1.43	2.62	−1.10	33.16	15745.40							
C_6	5.54	−1.66	0.00	−3.53	33.16	34381.71						
C_7	−1.43	37.43	0.94	29.02	21.75	34.57	11928.71					
H_1	0.04	1.47	2.03	166.60	4.06	5.39	8.61	3307.85				
H_2	4.41	1.47	146.60	2.37	0.00	0.00	0.00	0.00	2464.15			
H_3	1.86	2.44	146.60	0.04	0.00	0.00	0.00	0.18	−12.41	2155.59		
H_4	−10.10	133.60	−6.97	6.23	0.00	5.39	3.80	−0.68	1.28	6.00	2687.69	
H_5	7.10	−4.86	3.14	8.14	2.36	8.52	148.50	8.46	−1.00	−0.36	1.30	3645.08
$T_2^*(s)$	0.4	0.31	0.44	0.25	0.25	0.4	0.38	0.29	0.39	0.34	0.15	0.30

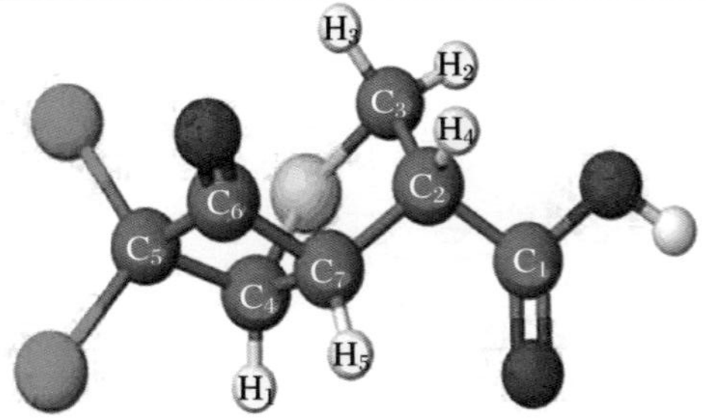

图 4.5.1 一种基于二氯丁酮的十二量子比特样品
(资料来源：Phys. Rev. Lett., 2019,123: 030502)
表格里的非对角元是相应原子核之间的相互作用强度,单位为赫兹.相互作用强度越大,两比特门速度越快.

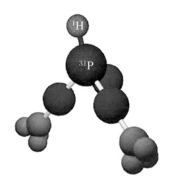

图 4.5.2 亚磷酸二甲酯($(CH_3O)_2POH$)分子结构

$U_J\left(\dfrac{1}{2J}\right)$ 指在 J 耦合作用下自由演化 $\dfrac{1}{2J}$ 时间长度,$R_y^2(90)$ 指对第二个比特(^{31}P)施加绕 y 轴转 $90°$ 的脉冲.从上面的 $CNOT_{12}$ 实现形式,容易得到 $CNOT_{21}$(第二个比特为控制比特)的实现形式:

$$CNOT_{21} = e^{i\frac{\pi}{4}} R_x^2(90) R_y^2(90) R_{-x}^2(90) R_x^1(90) R_{-y}^1(90) U_J\left(\frac{1}{2J}\right) R_y^1(90) \quad (4.5.9)$$

3. 量子门真值表

真值表是逻辑运算和经典计算中经常用到的一个概念,用来描述输入和输出之间全部可能状态.然而,在量子计算里,由于一个量子比特可以是 $|0\rangle$,可以是 $|1\rangle$,还可以是 $|0\rangle$ 和 $|1\rangle$ 以任意比例的叠加态,因此并不能简单列出一个量子门的输入和输出之间全部可能状态.但是量子计算中仍借用了真值表这个概念,只是输入态只列出计算基矢态.表 4.5.1 和表 4.5.2 分别是 $CNOT_{12}$(第一个比特为控制比特)门与 $CNOT_{21}$(第二个比特为控制比特)门的真值表.

表 4.5.1 $CNOT_{12}$ 门的真值表

输入态		输出态	
量子比特 1	量子比特 2	量子比特 1	量子比特 2
0	0	0	0
0	1	0	1
1	0	1	1
1	1	1	0

表 4.5.2　$CNOT_{21}$ 门的真值表

输入态		输出态	
量子比特 1	量子比特 2	量子比特 1	量子比特 2
0	0	0	0
0	1	1	1
1	0	1	0
1	1	0	1

4.5.3　实验内容

验证 $CNOT_{12}$ 与 $CNOT_{21}$ 的真值表. 每个门的验证需要四个实验. 四个实验中, 分别用 $|00\rangle$, $|01\rangle$, $|10\rangle$, $|11\rangle$ 做初始状态, 然后将 $CNOT_{12}$ 或 $CNOT_{21}$ 作用到初态上, 测出末态的密度矩阵.

验证 $CNOT_{12}|00\rangle = |00\rangle$ 的线路如图 4.5.3 所示. 系统初始态默认为 00 态. 拖动 CNOT 门到量子线路层的两根线上, 点在第一根线, 圆圈在第二根线, 这表示 $CNOT_{12}$ 门作用在 00 态.

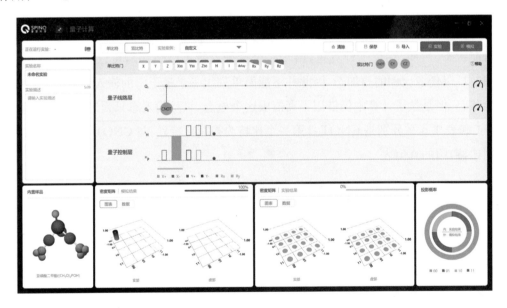

图 4.5.3　验证 $CNOT_{12}|00\rangle = |00\rangle$ 的线路

验证 $CNOT_{12}|01\rangle = |01\rangle$ 的线路如图 4.5.4 所示. 先拖动 X 门到量子线路层第二根线, 这表示作用在第二比特上的非门, 使得初始态从 $|00\rangle$ 变为 $|01\rangle$. 再拖动 CNOT 门到两根线上, 点在第一根线, 圆圈在第二根线, 这表示 $CNOT_{12}$ 门作用在 01 态.

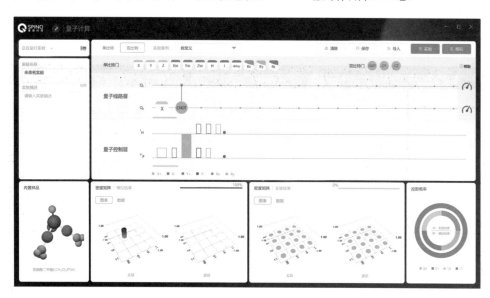

图 4.5.4　验证 $CNOT_{12}|01\rangle = |01\rangle$ 的线路

验证 $CNOT_{12}|10\rangle = |11\rangle$ 的线路如图 4.5.5 所示. 先拖动 X 门到量子线路层第一根

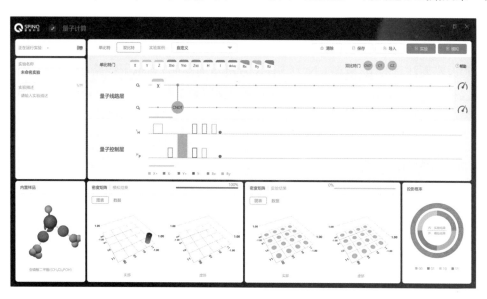

图 4.5.5　验证 $CNOT_{12}|10\rangle = |11\rangle$ 的线路

线,使得初始态从 $|00\rangle$ 变为 $|10\rangle$.再拖动 CNOT 门到两根线上,点在第一根线,圆圈在第二根线,这表示 CNOT_{12} 门作用在 10 态.

验证 $\text{CNOT}_{12}|11\rangle = |10\rangle$ 的线路如图 4.5.6 所示.先拖动 X 门到量子线路层第一根线和第二根线,使得初始态从 $|00\rangle$ 变为 $|11\rangle$.再拖动 CNOT 门到两根线上,点在第一根线,圆圈在第二根线,这表示 CNOT_{12} 门作用在 11 态.

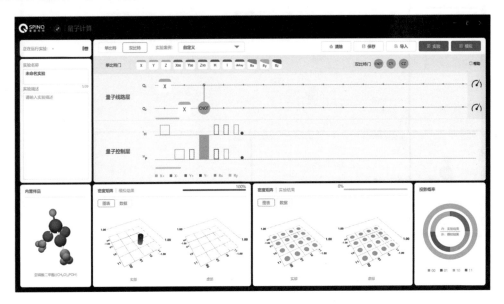

图 4.5.6　验证 $\text{CNOT}_{12}|11\rangle = |10\rangle$ 的线路

验证 $\text{CNOT}_{21}|00\rangle = |00\rangle$,$\text{CNOT}_{21}|01\rangle = |11\rangle$,$\text{CNOT}_{21}|10\rangle = |10\rangle$,$\text{CNOT}_{21}|11\rangle = |01\rangle$ 时需要注意的是,拖动 CNOT 门(X 号所示的圆圈)到量子线路层两根线上时,点在第二根线,圆圈在第一根线,代表第二个比特是控制比特.

4.5.4　思考与提高

(1) 每个 CNOT 门中,哪个初态对应的实验末态与模拟末态最接近? 哪个差别最大? 为什么? 与初始态的质量有关吗?

[**参考答案**]　初始态制备的时候,使用的量子门越多,引入的误差越多.

(2) 这两种 CNOT 门,哪一个的实验结果更好? 为什么?

[**参考答案**]　这两种 CNOT 门的效果具体与两个比特各自的脉冲效果有关.

4.6 两比特门练习——Bell 态制备

4.6.1 引言

在量子信息中,量子叠加与量子纠缠都是重要的资源.量子计算的并行性源于量子叠加.量子纠缠也是很多量子算法优于经典算法的原因,并且在量子保密通信、量子传感等领域有重要应用.本实验将制备 Bell 态.Bell 态是一组两比特的叠加态,同时是两比特纠缠态,也是两比特情形下具有最大纠缠的量子态.Bell 态的制备需要两比特门 CNOT.本实验的重点是:通过制备 Bell 态,进一步练习两比特门的使用,初步认识量子态保真度的概念与计算方法,并对量子纠缠有初步了解.

4.6.2 实验原理

1. 量子纠缠

量子纠缠是除了量子叠加外,另一个量子力学所预言的量子系统的奇异性质.说到量子纠缠,我们来看一下薛定谔的猫这个著名的思想实验(图 4.6.1):设置一个装置,装置里的原子核衰变的话,就会触动机关,放出毒气,将猫毒死;如果原子核不衰变,猫就不会死.可以把这个猫和原子核各看作一个量子比特.猫同时处于死和活两种状态,这就是量子叠加.猫的死活和原子核衰变与否相关,这是量子纠缠.

可是,在我们日常生活中,怎么见不到这样既死又活的猫呢? 这是因为,我们平日所见的一般都是宏观物体,宏观物体的叠加态、纠缠态非常容易被破坏掉.所以,人们最开始研究量子纠缠时使用的都是微观物体,比如光子、电子等.下面我们就来看一下最早被研究的最著名的一组纠缠态.

图 4.6.1　薛定谔的猫思想实验

（资料来源：维基百科）

2. Bell 态

Bell 态是一组共四个量子态，它们分别是

$$\Psi^+ = \frac{1}{\sqrt{2}}(|00\rangle + |11\rangle) \tag{4.6.1}$$

$$\Psi^- = \frac{1}{\sqrt{2}}(|00\rangle - |11\rangle) \tag{4.6.2}$$

$$\Phi^+ = \frac{1}{\sqrt{2}}(|01\rangle + |10\rangle) \tag{4.6.3}$$

$$\Phi^- = \frac{1}{\sqrt{2}}(|01\rangle - |10\rangle) \tag{4.6.4}$$

这四个态均是两比特基矢态的叠加态. 我们以 Φ^- 为例，这两比特以 $\left(\frac{1}{\sqrt{2}}\right)^2 = \frac{1}{2}$ 的概率处于 $|01\rangle$，以 $\frac{1}{2}$ 的概率处于 $|10\rangle$. 倘若 $|0\rangle$ 和 $|1\rangle$ 分别是量子比特 z 方向自旋向上和向下，那么我们测第一个比特 z 方向自旋，如果测量结果是自旋向上（$|0\rangle$），则第二个比特一定处于自旋向下（$|1\rangle$）的状态；如果测量结果是自旋向下（$|1\rangle$），则第二个比特一定处于自旋向上（$|0\rangle$）的状态（图 4.6.2 左）. 第一个比特状态和第二个比特状态关联在一起，就像前面提到的薛定谔的猫的状态和原子核的状态. Φ^- 还有一个特征，那就是只要测量两比特自旋时所选的方向相同，得到的两比特的状态总是相反的（反关联）.

这种两比特之间的关联，初看似乎在经典世界中也能找到，例如图 4.6.2 右. 倘若已知两个盒子里的硬币朝向是相反的，颜色也不同，分别为黄色和红色，打开第一个盒子，

量子计算原理与实践
Quantum Computing Principles and Practices

如果发现硬币正面朝上,那么第二个盒子里的硬币一定是背面朝上;如果发现第一个硬币是红色的,那么第二个硬币一定是黄色的.但是,Φ^- 具有硬币模型不具有的性质.假设我们测量两个比特不同的性质,例如测量不同方向的自旋,测量第一个比特 x 方向自旋,测量第二个比特 z 方向自旋,自旋的反关联就消失了,无论第一个比特的测量结果是向上(朝正 x 方向)还是向下(朝负 x 方向),第二个比特总是有一半的概率处于向上或向下.这与硬币模型是很不同的,试想,我们观察第一个盒子里的硬币的颜色(类比量子比特 x 方向自旋测量),是不会影响到第二个硬币的朝向(类比第二个比特 z 方向自旋测量)的.Φ^- 的这个性质就很有意思了,它意味着第一个比特的测量方式会对第二个比特的状态产生影响.这就是量子纠缠不同于经典关联的一个重要表现.而且这种由于纠缠产生的影响,无论两个量子比特分开多远都会存在.

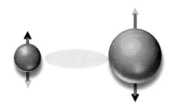  

图 4.6.2　量子纠缠和经典关联的对比

处于 Bell 态的两个量子比特在量子通信中有着很重要的应用,它们通常被分发给需要传递消息的双方.双方借助量子门、量子测量,有时还需要传递经典信息辅助,来实现比经典通信更安全的信息传输.

3. Bell 态制备

我们的实验将主要集中在 Φ^- 的制备上.这里我们用到如下形式的 CNOT 门的变形:

$$\text{CNOT}y = \begin{pmatrix} 1 & 0 & 0 & 0 \\ 0 & 1 & 0 & 0 \\ 0 & 0 & 0 & -1 \\ 0 & 0 & 1 & 0 \end{pmatrix} \tag{4.6.5}$$

这是第一个比特为控制比特的一个量子门.考虑初始态分别为 $|00\rangle$,$|01\rangle$,$|10\rangle$,$|11\rangle$ 的情况:

$$\begin{pmatrix} 1 & 0 & 0 & 0 \\ 0 & 1 & 0 & 0 \\ 0 & 0 & 0 & -1 \\ 0 & 0 & 1 & 0 \end{pmatrix}\begin{pmatrix} 1 \\ 0 \\ 0 \\ 0 \end{pmatrix} = \begin{pmatrix} 1 \\ 0 \\ 0 \\ 0 \end{pmatrix}, \quad \begin{pmatrix} 1 & 0 & 0 & 0 \\ 0 & 1 & 0 & 0 \\ 0 & 0 & 0 & -1 \\ 0 & 0 & 1 & 0 \end{pmatrix}\begin{pmatrix} 0 \\ 1 \\ 0 \\ 0 \end{pmatrix} = \begin{pmatrix} 0 \\ 1 \\ 0 \\ 0 \end{pmatrix} \tag{4.6.6}$$

$$\begin{pmatrix} 1 & 0 & 0 & 0 \\ 0 & 1 & 0 & 0 \\ 0 & 0 & 0 & -1 \\ 0 & 0 & 1 & 0 \end{pmatrix}\begin{pmatrix} 0 \\ 0 \\ 1 \\ 0 \end{pmatrix} = \begin{pmatrix} 0 \\ 0 \\ 0 \\ 1 \end{pmatrix}, \quad \begin{pmatrix} 1 & 0 & 0 & 0 \\ 0 & 1 & 0 & 0 \\ 0 & 0 & 0 & -1 \\ 0 & 0 & 1 & 0 \end{pmatrix}\begin{pmatrix} 0 \\ 0 \\ 0 \\ 1 \end{pmatrix} = \begin{pmatrix} 0 \\ 0 \\ -1 \\ 0 \end{pmatrix} \tag{4.6.7}$$

倘若两比特开始时所处的状态是 $\frac{1}{\sqrt{2}}(|01\rangle + |11\rangle)$，经过上面所示的操作 CNOT$y$，

就可以得到我们想要的 Φ^- 态. 这里应注意 $\frac{1}{\sqrt{2}}(|01\rangle + |11\rangle)$ 不是一个纠缠态，它可以写

成 $\frac{1}{\sqrt{2}}(|0\rangle + |1\rangle)|1\rangle$，也就是说第一个比特处于 $\frac{1}{\sqrt{2}}(|0\rangle + |1\rangle)$ 态，第二个比特处于 $|1\rangle$

态，两个比特之间没有任何关联. 由此可见量子纠缠是由两比特门 CNOTy 产生的，这就
体现了 CNOT 门的重要性.

下面我们给出从 $|00\rangle$ 态出发制备 Φ^- 态的具体过程：

$$|00\rangle \xrightarrow{\ H \text{作用第一个比特}\ } \frac{1}{\sqrt{2}}(|0\rangle + |1\rangle)|0\rangle \xrightarrow{\ X \text{作用第二个比特}\ } \frac{1}{\sqrt{2}}(|0\rangle + |1\rangle)|1\rangle \xrightarrow{\ \text{CNOT}y\ } \Phi^-$$

$$\tag{4.6.8}$$

4.6.3　实验内容

（1）观察并运行内置案例学习中的 Bell 态制备（图 4.6.3），记录模拟结果和实验结
果的密度矩阵，推测这个 Bell 态是四个态中的哪一个.

（2）在自定义实验中制备 Φ^- 态，并记录模拟数据和实验数据. 这里给出 Φ^- 态的理
论密度矩阵：

$$|\Phi^-\rangle\langle\Phi^-| = \frac{1}{2}\begin{pmatrix} 0 \\ 1 \\ -1 \\ 0 \end{pmatrix}\begin{pmatrix} 0 & 1 & -1 & 0 \end{pmatrix} = \frac{1}{2}\begin{pmatrix} 0 & 0 & 0 & 0 \\ 0 & 1 & -1 & 0 \\ 0 & -1 & 1 & 0 \\ 0 & 0 & 0 & 0 \end{pmatrix} \tag{4.6.9}$$

这个密度矩阵所用的基矢是两个比特 z 方向上的自旋状态：$|00\rangle$，$|01\rangle$，$|10\rangle$，$|11\rangle$. 第一个对角元代表处于 $|00\rangle$ 态的概率，第二个对角元代表处于 $|01\rangle$ 态的概率，第三个对角元代表处于 $|10\rangle$ 态的概率，第四个对角元代表处于 $|11\rangle$ 态的概率. 模拟出的结果应该与上述矩阵相同.

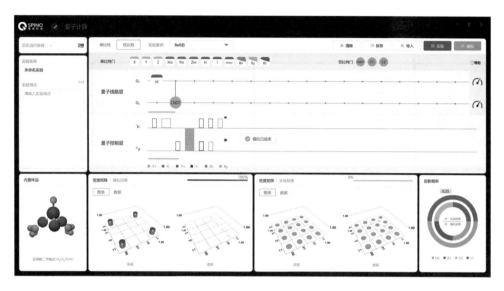

图 4.6.3　内置案例学习中的 Bell 态制备

这里，我们要用量子态保真度来衡量实验制备的 Φ^- 态的质量. 保真度是在量子态空间引入的一个距离的概念，以表示两个量子态之间的相似程度. 若两个量子态完全一样，则保真度达到最大值 1；保真度越小，说明两个量子态差别越大. 一个纯态和一个混态之间的保真度可以用下式计算：

$$F(|\varphi\rangle, \rho) = \langle \varphi | \rho | \varphi \rangle \tag{4.6.10}$$

这里，ρ 是混的密度矩阵，$|\varphi\rangle$ 和 $\langle\varphi|$ 是纯态的态矢量和其转置共轭. 使用这个式子，是因为我们想制备的 Φ^- 态是个纯态，而实验结果往往是混态. Φ^- 的态矢量为 $\dfrac{1}{\sqrt{2}}\begin{bmatrix} 0 \\ 1 \\ -1 \\ 0 \end{bmatrix}$，它

的转置共轭是 $\dfrac{1}{\sqrt{2}}\begin{pmatrix} 0 & 1 & -1 & 0 \end{pmatrix}$.

图 4.6.4 是制备 Φ^- 态的量子门线路.

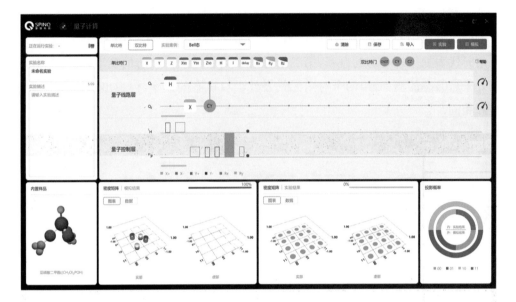

图 4.6.4　制备 Φ^- 态的量子门线路

4.6.4　实验数据处理

实验制备的 Φ^- 态保真度计算:

(1) 将实验结果密度矩阵的实部和虚部统一写为一个矩阵,方法是将虚部的矩阵乘上虚数单位 i 后,与实部矩阵相加.

(2) 利用 $F(|\Phi^-\rangle, \rho) = \langle \Phi^- | \rho | \Phi^- \rangle$ 计算实验中末态的保真度.

4.6.5　思考与提高

Φ^- 态还可以用其他方法制备吗? 答案是肯定的,利用下面的方法也可以制备出 Φ^- 态.

$$|00\rangle \xrightarrow{\text{H 作用第一个比特}} \frac{1}{\sqrt{2}}(|0\rangle + |1\rangle)|0\rangle \xrightarrow{\text{X 作用第二个比特}} \frac{1}{\sqrt{2}}(|0\rangle + |1\rangle)|1\rangle$$

$$\xrightarrow{\text{Z 作用第一个比特}} \frac{1}{\sqrt{2}}(|0\rangle - |1\rangle)|1\rangle \xrightarrow{\text{CNOT}x} \Phi^- \tag{4.6.11}$$

这里，$\text{CNOT}x = \begin{pmatrix} 1 & 0 & 0 & 0 \\ 0 & 1 & 0 & 0 \\ 0 & 0 & 0 & 1 \\ 0 & 0 & 1 & 0 \end{pmatrix}$，第一个比特为控制比特.

在自定义线路中，实现上面制备 Φ^- 态的方法，记录模拟结果和实验结果，并计算制备出的 Φ^- 态的保真度.

讨论：比较这种方法和前面用到的方法，哪种制备出的 Φ^- 态的保真度更高？为什么？你还可以找出其他的方法制备 Φ^- 态吗？

[**参考答案**]　一般来说，使用量子门比较少的量子态保真度会较高. 其他制备方法举例如下：

$$|00\rangle \xrightarrow{H\ \text{作用第一个比特}} \frac{1}{\sqrt{2}}(|0\rangle + |1\rangle)|0\rangle \xrightarrow{Z\ \text{作用第一个比特}} \frac{1}{\sqrt{2}}(|0\rangle - |1\rangle)|0\rangle$$

$$\xrightarrow{\text{CNOT}x} \Psi^- \xrightarrow{X\ \text{作用第二个比特}} \Phi^-$$

4.7　Deutsch 量子算法

4.7.1　引言

在数学与计算机科学中，算法指解决某类问题的一种方法，通常包含具体的流程、步骤. 利用计算机解决问题，首先要明确的就是用什么样的算法. 当人们说量子计算机与经典计算机相比有很大的优势时，实际上指的就是，在解决某些问题时，量子计算中的算法相比经典计算中的算法具有速度快、步数少等优势.

比较有名的量子算法包括大数质因子分解算法、无序数据库搜索算法、Deutsch 算法等. 当今世界的密钥体系通常使用的是 RSA 加密算法，而量子质因子分解算法可以有效攻击这种密钥体系. 也就是说，如果有一天大型量子计算机研制成功，当今世界的密钥体系将不再安全，例如银行密码会被轻易破解. 无序数据库搜索是计算机数据处理过程中经常会遇到的一个问题. 比如一个数据库里存了 N 个元素，需要找到一个有用的元素，利用经典计算机处理时，往往需要一个一个查看，所以很可能需要 N 个步骤才能找到，而量

子计算机只需要约 $\sqrt{N}$ 个步骤就可以了,当 N 很大时,这是一个很大的加速.Deutsch 算法也能充分体现出量子算法的优势.对于一个有两个输出结果的函数,如果利用经典计算机,那么想知道这两个结果是否相同,就需要调用这个函数两次,并比较这两个结果.而利用 Deutsch 算法,只需调用函数一次,就可以知道这两个结果是否相同了.本实验通过在核磁共振量子计算系统中实现 Deutsch 算法,使读者对量子算法有一个更直观的认识.

4.7.2 实验原理

1. 问题概述

假设有一个函数 $f(x)$,$x \in \{0,1\}$,$f(x)$ 的可能结果也在集合 $\{0,1\}$ 中.而我们感兴趣的是 $f(0)$ 和 $f(1)$ 是否相同.也就是说,我们要区分两种情况:(1) $f(0)$ 和 $f(1)$ 都取 0 或都取 1,即常函数;(2) $f(0)$ 和 $f(1)$ 一个取 0、另一个取 1,即平衡函数.经典计算机要处理这个问题的话,需要调用这个函数两次,分别计算 $f(0)$ 和 $f(1)$,才会得到想要的答案.

2. 算法简介

利用 Deutsch 量子算法解决这个问题,需要两个量子比特,一个存储输入信息,另一个包含输出信息.图 4.7.1 是量子线路图.

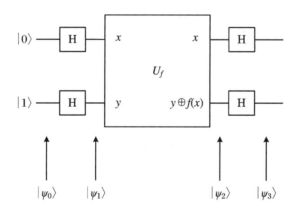

图 4.7.1　Deutsch 量子算法线路

这里,一个关键操作是 U_f,它不改变比特 1 上的输入信息 x,同时把函数结果 $f(x)$

编码到第二个比特上. 编码用到了模 2 加法, $0 \oplus 0 = 1 \oplus 1 = 0, 0 \oplus 1 = 1 \oplus 0 = 1$. 然而量子算法的优越性并不源于这个 U_f, 而是源于线路中的 H 门 (Hadamard 门). 第一个比特上的第一个 H 门构造出了 0 和 1 的叠加态, 也就是说, 包含了两个输入态, 这样就可以把两个输入的结果同时算出来. 第二个比特上的 H 门的作用就是帮助区分 f 是常函数还是平衡函数. 下面我们来逐步分析这个算法过程中的量子态演化:

$$|\psi_0\rangle = |0\rangle |1\rangle, \quad |\psi_1\rangle = \frac{1}{2}(|0\rangle + |1\rangle)(|0\rangle - |1\rangle) \tag{4.7.1}$$

我们可以把 $|\psi_1\rangle$ 写成如下形式: $|\psi_1\rangle = \frac{1}{2}(|0\rangle|0\rangle + |1\rangle|0\rangle - |0\rangle|1\rangle - |1\rangle|1\rangle)$, 并逐项分析经过 U_f 作用后的变化.

(1) 如果 $f(0) = f(1)$, 即常函数.

当 $f(0) = f(1) = 0$ 时, 经过 U_f:

$$|0\rangle |0\rangle \xrightarrow{U_f} |0\rangle |0\rangle \tag{4.7.2}$$

$$|0\rangle |1\rangle \xrightarrow{U_f} |0\rangle |1\rangle \tag{4.7.3}$$

$$|1\rangle |0\rangle \xrightarrow{U_f} |1\rangle |0\rangle \tag{4.7.4}$$

$$|1\rangle |1\rangle \xrightarrow{U_f} |1\rangle |1\rangle \tag{4.7.5}$$

所以 $|\psi_2\rangle = \frac{1}{2}(|0\rangle|0\rangle + |1\rangle|0\rangle - |0\rangle|1\rangle - |1\rangle|1\rangle) = \frac{1}{2}(|0\rangle + |1\rangle)(|0\rangle - |1\rangle), |\psi_3\rangle = |0\rangle|1\rangle$.

当 $f(0) = f(1) = 1$ 时, 经过 U_f:

$$|0\rangle |0\rangle \xrightarrow{U_f} |0\rangle |1\rangle \tag{4.7.6}$$

$$|0\rangle |1\rangle \xrightarrow{U_f} |0\rangle |0\rangle \tag{4.7.7}$$

$$|1\rangle |0\rangle \xrightarrow{U_f} |1\rangle |1\rangle \tag{4.7.8}$$

$$|1\rangle |1\rangle \xrightarrow{U_f} |1\rangle |0\rangle \tag{4.7.9}$$

所以 $|\psi_2\rangle = \frac{1}{2}(|0\rangle|1\rangle + |1\rangle|1\rangle - |0\rangle|0\rangle - |1\rangle|0\rangle) = -\frac{1}{2}(|0\rangle + |1\rangle)(|0\rangle - |1\rangle)$, $|\psi_3\rangle = -|0\rangle|1\rangle$.

(2) 如果 $f(0) \neq f(1)$, 即平衡函数.

当 $f(0) = 0, f(1) = 1$ 时, 经过 U_f:

$$|0\rangle|0\rangle \xrightarrow{U_f} |0\rangle|0\rangle \tag{4.7.10}$$

$$|0\rangle|1\rangle \xrightarrow{U_f} |0\rangle|1\rangle \tag{4.7.11}$$

$$|1\rangle|0\rangle \xrightarrow{U_f} |1\rangle|1\rangle \tag{4.7.12}$$

$$|1\rangle|1\rangle \xrightarrow{U_f} |1\rangle|0\rangle \tag{4.7.13}$$

所以 $|\psi_2\rangle = \dfrac{1}{2}(|0\rangle|0\rangle + |1\rangle|1\rangle - |0\rangle|1\rangle - |1\rangle|0\rangle) = \dfrac{1}{2}(|0\rangle - |1\rangle)(|0\rangle - |1\rangle)$，$|\psi_3\rangle = |1\rangle|1\rangle$.

当 $f(0) = 1, f(1) = 0$ 时，经过 U_f：

$$|0\rangle|0\rangle \xrightarrow{U_f} |0\rangle|1\rangle \tag{4.7.14}$$

$$|0\rangle|1\rangle \xrightarrow{U_f} |0\rangle|0\rangle \tag{4.7.15}$$

$$|1\rangle|0\rangle \xrightarrow{U_f} |1\rangle|0\rangle \tag{4.7.16}$$

$$|1\rangle|1\rangle \xrightarrow{U_f} |1\rangle|1\rangle \tag{4.7.17}$$

所以 $|\psi_2\rangle = \dfrac{1}{2}(|0\rangle|1\rangle + |1\rangle|0\rangle - |0\rangle|0\rangle - |1\rangle|1\rangle) = -\dfrac{1}{2}(|0\rangle - |1\rangle)(|0\rangle - |1\rangle)$，$|\psi_3\rangle = -|1\rangle|1\rangle$.

$|0\rangle|1\rangle$ 和 $-|0\rangle|1\rangle$ 之间、$|1\rangle|1\rangle$ 和 $-|1\rangle|1\rangle$ 之间只相差一个负号，这个差别是个全局相位的差别，是观测不到的.然而我们也不需要区分这个差别，我们只需要区分常函数和平衡函数，而这可通过观测最后两个比特是处于 0 还是处于 1 来实现.也就是说，只需将计算进行一次，从末态就可以直接判断是常函数还是平衡函数.若末态一个比特是 $|0\rangle$，另一个比特是 $|1\rangle$，则函数为常函数；若末态两个比特均为 $|1\rangle$，则函数为平衡函数.

3. 算法中用到的量子门

该算法中的 H 门在前面的实验中已经介绍了怎样实现.比较复杂的是 U_f 门的实现. U_f 门是一个两比特门，第一个比特的输入态是 f 函数的输入态，第二个比特是为实现这个量子算法而用到的一个辅助比特. f 函数的输出态会编码到第二个比特的输出态上.这个编码不是指 f 函数的输出态是什么，U_f 门的第二个比特输出态就是什么，而是指 f 函数的输出态和第二个比特的状态进行模 2 加法，得到的结果是第二个比特的输出态. U_f 门是和 f 的具体形式相关的.下面我们来看在 f 的四种具体形式下 U_f 门的真值表，见表 4.7.1～表 4.7.4.

表 4.7.1 $f(0) = f(1) = 0$ 时 U_f 门的真值表

$f1(0) = f1(1) = 0$			
输入态		输出态	
量子比特1	量子比特2	量子比特1	量子比特2
0	0	0	0
0	1	0	1
1	0	1	0
1	1	1	1

表 4.7.2 $f(0) = f(1) = 1$ 时 U_f 门的真值表

$f2(0) = f2(1) = 1$			
输入态		输出态	
量子比特1	量子比特2	量子比特1	量子比特2
0	0	0	1
0	1	0	0
1	0	1	1
1	1	1	0

表 4.7.3 $f(0) = 0, f(1) = 1$ 时 U_f 门的真值表

$f3(0) = 0, f3(1) = 1$			
输入态		输出态	
量子比特1	量子比特2	量子比特1	量子比特2
0	0	0	0
0	1	0	1
1	0	1	1
1	1	1	0

表 4.7.4 $f(0) = 1, f(1) = 0$ 时 U_f 门的真值表

$f4(0) = 1, f4(1) = 0$			
输入态		输出态	
量子比特1	量子比特2	量子比特1	量子比特2
0	0	0	1
0	1	0	0
1	0	1	0
1	1	1	1

$f1$ 和 $f2$ 是常函数, $f3$ 和 $f4$ 是平衡函数. 由上面的四个表可以看出: $f1$ 的 U_f 门是一

个量子态不发生变化的门, 即单位门 $\begin{bmatrix} 1 & 0 & 0 & 0 \\ 0 & 1 & 0 & 0 \\ 0 & 0 & 1 & 0 \\ 0 & 0 & 0 & 1 \end{bmatrix}$. $f2$ 的 U_f 门是第二个比特上的非门

(即 X 门). $f3$ 的 U_f 门是 CNOTx 门, 第一个比特为控制比特. $f4$ 的 U_f 门是 0 控 CNOTx 门, 即第一个比特是 0 时, 对第二个比特进行反转; 第一个比特是 1 时, 不进行操作. 0 控 CNOTx 门可以拆解为: 首先对第一个比特进行非门操作 (X 门), 然后进行 CNOTx 门操作 (第一个比特为控制比特), 最后再对第一个比特进行非门操作 (X 门).

4.7.3 实验内容

(1) 理论推导两比特 Deutsch 算法中量子态的演化过程, 给出最终演化的量子态.

前面我们给出了常函数、平衡函数共四种情况, 并且指出了四种函数的 U_f 怎样用基本量子门实现. 请用量子态密度矩阵和量子门矩阵的表达方式具体推导出 Deutsch 算法中量子态的演化形式, 并思考通过考察最后量子态密度矩阵中的哪些矩阵元, 能够得出 U_f 到底是平衡函数还是常函数的结论.

(2) 在 SpinQuasar 软件的内置案例学习中, 有一个 Deutsch 算法的案例 (图 4.7.2).

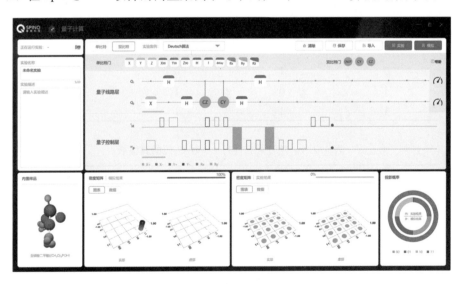

图 4.7.2　内置案例学习中的 Deutsch 算法

量子计算原理与实践
Quantum Computing Principles and Practices

利用软件内置模拟模块模拟该算法,判断该算法里的 U_f 代表的是一个常函数还是一个平衡函数.

（3）在 SpinQuasar 软件的自定义量子线路功能中,自己搭建量子线路（图 4.7.3～图 4.7.6）,通过实验实现两比特的 Deutsch 量子算法.需要注意的是,Deutsch 算法的初态

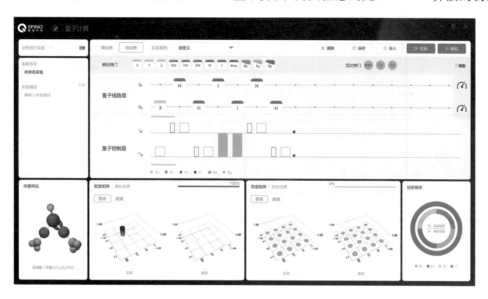

图 4.7.3　$f1$ 的量子线路

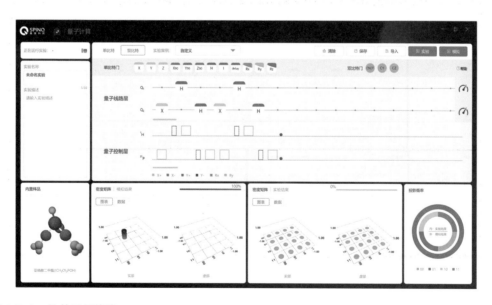

图 4.7.4　$f2$ 的量子线路

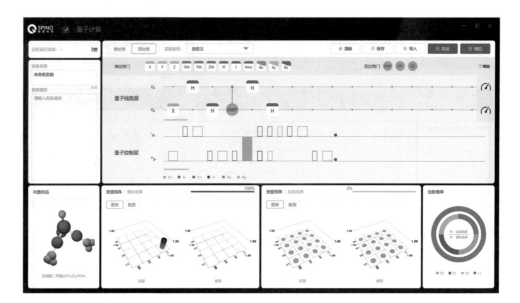

图 4.7.5　ƒ3 的量子线路

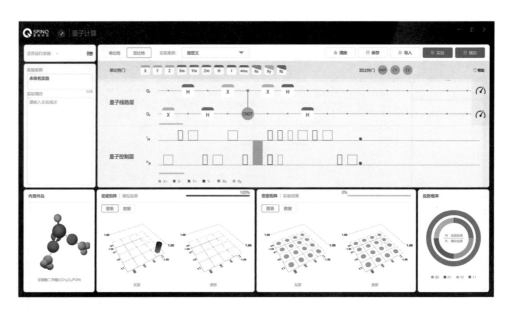

图 4.7.6　ƒ4 的量子线路

量子计算原理与实践
Quantum Computing Principles and Practices

需要是 $|0\rangle|1\rangle$,而"双子座"系统默认的初态是 $|0\rangle|0\rangle$,所以在 Deutsch 算法中,作用 U_f 之前,需要在第二个比特上施加非门(X 门),将第二个比特的 $|0\rangle$ 态变为 $|1\rangle$ 态.

4.7.4 思考与提高

比较模拟结果与实验结果的差异,哪个 $f(x)$ 函数的实验结果和模拟结果最接近? 哪个差别最大? 分析原因.

[**参考答案**] 一般来说,需要量子门数量、脉冲数量较少的线路的实验结果和模拟结果会更接近.

4.8 Grover 量子算法

4.8.1 引言

无序数据库搜索是计算机数据处理过程中经常会遇到的一个问题. Grover 量子搜索算法在对一个含有 N 个元素的无序数据库进行搜索时,能比经典计算算法有约 $\sqrt{N}$ 倍的提速. 本实验将在核磁共振量子计算系统中实现两比特无序数据库搜索 Grover 算法.

4.8.2 实验原理

1. 问题概述

在一个没有顺序的数据库里寻找一个有用的数值. 例如一个数据库存着第 $1\sim N$ 个球的颜色,利用函数 F 可以查看颜色值,$F(x)$ 为 0 时,球为绿色;$F(x)$ 为 1 时,球为红色. 这里,x 是球的序号. 如果想要找到颜色为红色的球的序号 x_0,利用经典算法的话,只能一个一个地查询(图 4.8.1 左),运气最差时,需要查询 N 次才能找到哪一个球是红球.这个过程的计算复杂度是 $O(N)$.

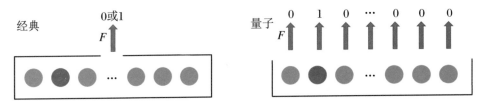

图 4.8.1 经典算法与量子算法统计球的颜色信息

当调用函数 $F(x)$ 查看数据库中所存球的颜色时,如果球的排序并无规律,经典算法需要逐个球查看;利用量子算法,由于量子系统的叠加特性,只需调用一次 $F(x)$ 便可得到所有球的颜色信息.

2. 算法简介

利用量子算法会对这个过程大大加速.由于量子叠加特性,可以将 N 个数据同时存储在 $\log_2 N$ 个量子比特中,然后同时计算这 N 个数据对应的函数 $F(x)$ 的取值(图 4.8.1 右).也就是一次计算就得到了所有球的颜色信息.然而,这些信息以相同的概率存储在计算末态上,若此时就进行测量,只有 $1/N$ 的概率得到一个正确结果.如果想要得到最终红球序号的信息,那么还需要对末态进行量子操作,来增大存有红球序号的态的概率(图 4.8.2).经过 $O(\sqrt{N})$ 次操作,就可以以很接近于 1 的概率得到一个正确的结果.当 N 很大时,得到正确结果的概率大于 $1 - 1/N$.

下面我们给出这个算法的量子线路图,如图 4.8.3 所示.

这里,用 n 个量子比特,$n = \log_2 N$.第一个操作 $H^{\otimes n}$ 是对所有比特的 Hadamard 门操作.这个操作将从 1 到 N 所有序号存储到了这 n 个量子比特状态中.若将操作后的状态记为 $|\varphi\rangle$,则 $|\varphi\rangle = \frac{1}{\sqrt{N}}(|1\rangle + |2\rangle + |3\rangle + \cdots + |N\rangle) = \frac{1}{\sqrt{N}} \sum_1^N |x\rangle$,$|x\rangle$ 为序号态.每个序号态的概率都相同,为 $\frac{1}{N}$.后面的 G 操作就是用来提高红球序号对应状态的概率的量子操作.G 分为两步.第一步 $R1$ 操作是计算所有序号的 F 函数并存储到量子态中,即使 $|x\rangle \to (-1)^{F(x)} |x\rangle$,如果不是红球,$F(x) = 0$,$|x\rangle$ 态不变;如果是红球,$F(x_0) = 1$,$|x_0\rangle$ 态前加个负号.这样一个操作可以表示为 $R1 = I - 2|x_0\rangle\langle x_0|$,这个表示可以很直观地理解,单位矩阵 I 表示对这个量子态什么也不做,然而后面要减去两个 $|x_0\rangle$ 态,结果自然是只有 $|x_0\rangle$ 态变了个符号.第二步 $R2$ 操作则可以表示为 $R2 = 2|\varphi\rangle\langle\varphi| - I$,这个操作也可以很直观地理解,$-I$ 表示所有态都加个负号,但是又加上两个 $|\varphi\rangle$ 态,结果就

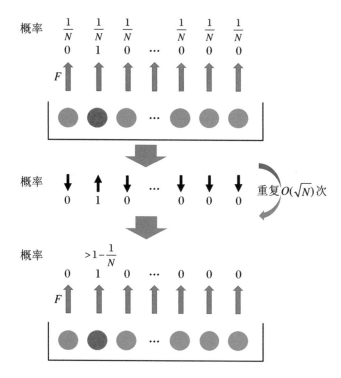

图 4.8.2 对量子态进行量子操作

所有球的颜色信息以相同的概率幅存储在量子态上,如果直接测量量子态,则只能以 $1/N$ 的概率得到正确的结果.所以需要利用量子操作,将存有正确结果的量子态的概率幅逐步增大,当正确结果的概率增加到足够大后再对量子系统进行测量.

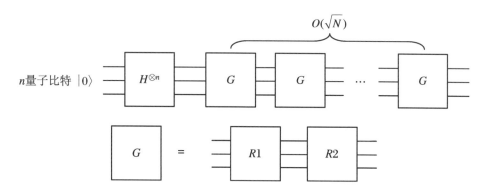

图 4.8.3 Grover 搜索算法线路图

是除了 $|\varphi\rangle$ 态外，其他态都变了个符号．我们需要借助图 4.8.4 所示的图像来理解为什么 $R2$ 是这样一个操作．

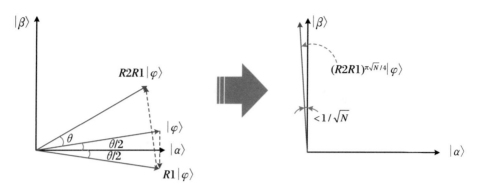

图 4.8.4　量子态旋转

Grover 搜索算法将量子态向着目标序号态旋转，旋转约 $\dfrac{\pi\sqrt{N}}{4}$ 次就可以以很大的概率得到目标序号态．

我们可以将量子态空间看作两个态矢量 $|\alpha\rangle$ 与 $|\beta\rangle$ 展开的空间，$|\beta\rangle$ 就是我们想要的结果，$|\beta\rangle = |x_0\rangle$，$|\alpha\rangle$ 是除了 $|x_0\rangle$ 外的所有序号态的叠加，$|\alpha\rangle = \dfrac{1}{\sqrt{N-1}}\sum\limits_{x\neq x_0}|x\rangle$．$|\alpha\rangle$ 与 $|\beta\rangle$ 是正交归一的．那么最开始准备的所有序号态的均匀叠加态就是 $|\varphi\rangle = \dfrac{\sqrt{N-1}}{\sqrt{N}}|\alpha\rangle + \dfrac{1}{\sqrt{N}}|\beta\rangle$．这个态在 $|\beta\rangle$ 轴的投影是 $\dfrac{1}{\sqrt{N}}$．图 4.8.4 给出了态的矢量表示．当经过 $R1$ 操作后，量子态中 $|x_0\rangle$ 的系数变了个符号，量子态变为 $\dfrac{\sqrt{N-1}}{\sqrt{N}}|\alpha\rangle - \dfrac{1}{\sqrt{N}}|\beta\rangle$，在 $|\beta\rangle$ 轴的投影是 $-\dfrac{1}{\sqrt{N}}$，所以 $R1$ 操作是将 $|\varphi\rangle$ 对应的矢量以 $|\alpha\rangle$ 为对称轴进行翻转．由上面分析可知，$R2$ 操作将保持量子态中 $|\varphi\rangle$ 成分不变，其他成分符号变化，这其实是将量子态以 $|\varphi\rangle$ 为轴进行翻转的操作．所以 G 的最终结果是将 $|\varphi\rangle$ 向 $|\beta\rangle$ 方向旋转，旋转的角度的正弦值是 $\sin\theta = \dfrac{2\sqrt{N-1}}{N}$．当 N 很大时，$\theta \approx \sin\theta = \dfrac{2\sqrt{N-1}}{N} \approx \dfrac{2}{\sqrt{N}}$．那么，旋转约 $\dfrac{\dfrac{\pi}{2}}{\dfrac{2}{\sqrt{N}}} = \dfrac{\pi\sqrt{N}}{4}$ 次就可以以很大的概率得到结果 $|\beta\rangle$，误差不大于 $1/N$．

3. 算法中用到的量子门

我们这里以 $N = 4$ 为例. $N = 4$ 时,需要两个量子比特.假设我们的目标态是 $|x_0\rangle = |4\rangle$,其对应的二进制表示为 $|11\rangle$.那么 $R1$ 与 $R2$ 的矩阵表示如下:

$$R1 = \begin{pmatrix} 1 & 0 & 0 & 0 \\ 0 & 1 & 0 & 0 \\ 0 & 0 & 1 & 0 \\ 0 & 0 & 0 & -1 \end{pmatrix} \tag{4.8.1}$$

$$R2 = H^{\otimes 2} \begin{pmatrix} 1 & 0 & 0 & 0 \\ 0 & -1 & 0 & 0 \\ 0 & 0 & -1 & 0 \\ 0 & 0 & 0 & -1 \end{pmatrix} H^{\otimes 2} = H^{\otimes 2} X^{\otimes 2} \begin{pmatrix} 1 & 0 & 0 & 0 \\ 0 & 1 & 0 & 0 \\ 0 & 0 & 1 & 0 \\ 0 & 0 & 0 & -1 \end{pmatrix} X^{\otimes 2} H^{\otimes 2} \tag{4.8.2}$$

$R1$ 是个受控 Z 门,即控制比特为 1 时,对受控比特实施 Z 门.这里第一个比特为控制比特. X 指非门.所以 $R2$ 可以按照如下方式实现:先对两个比特各自进行 H 门操作,之后对两个比特进行 X 门操作,再执行受控 Z 门,然后对两个比特执行 X 门,最后是两个比特的 H 门.容易验证,对于 $N = 4$ 情形,一次 G 操作即可以 1 的概率找到目标态.

4.8.3 实验内容

(1) 用矩阵形式,推导两比特 Grover 算法中,一次 G 操作即可找到目标态.

初始态是 $|00\rangle$,其矩阵形式为 $\begin{pmatrix} 1 \\ 0 \\ 0 \\ 0 \end{pmatrix}$;目标态为 $|x_0\rangle = |11\rangle$,其矩阵形式为 $\begin{pmatrix} 0 \\ 0 \\ 0 \\ 1 \end{pmatrix}$.

制备所有序号态的均匀叠加态所需的两比特上的 H 门矩阵为

$$H^{\otimes 2} = H \otimes H = \frac{1}{\sqrt{2}} \begin{pmatrix} 1 & 1 \\ 1 & -1 \end{pmatrix} \otimes \frac{1}{\sqrt{2}} \begin{pmatrix} 1 & 1 \\ 1 & -1 \end{pmatrix} = \frac{1}{2} \begin{pmatrix} 1 & 1 & 1 & 1 \\ 1 & -1 & 1 & -1 \\ 1 & 1 & -1 & -1 \\ 1 & -1 & -1 & 1 \end{pmatrix} \tag{4.8.3}$$

在(4.8.1)式和(4.8.2)式中也给出了 $R1$ 和 $R2$ 的矩阵形式.所以,需要验证的是 $R2R1H^{\otimes 2}|00\rangle$ 是否为 $|11\rangle$.

（2）利用 SpinQuasar 完成两比特的 Grover 算法实验,如图 4.8.5 所示.

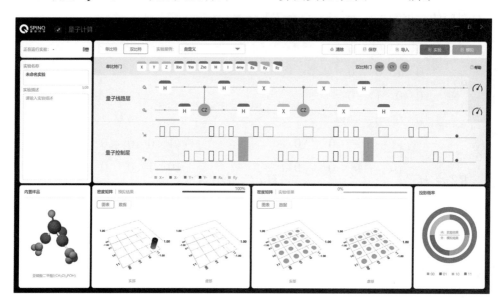

图 4.8.5　Grover 搜索算法的线路在 SpinQuasar 中实现

4.8.4　思考与提高

（1）在分析可能的实验误差来源时,一个有效的方法就是逐步检查量子门的实验效果,比如,可以检查一下两个 H 门制备的序号叠加态的实验效果,接下来检查一下 $R1$ 的实验效果,等等.这样就有可能找到误差的主要来源.

（2）上面,我们实现了目标态是 $|x_0\rangle = |4\rangle$ 的 Grover 算法.现在,思考一下,如果目标态是 $|x_0\rangle = |2\rangle$,量子线路应该怎样设计.（提示:只需要将 $R1$ 修改为 $R1 = \begin{bmatrix} 1 & 0 & 0 & 0 \\ 0 & -1 & 0 & 0 \\ 0 & 0 & 1 & 0 \\ 0 & 0 & 0 & 1 \end{bmatrix}$,这是一个 0 控 Z 门,控制比特仍为第一个比特,当第一个比特为 0 时,对第二个比特实施 Z 门.）

量子计算原理与实践
Quantum Computing Principles and Practices

[**参考答案**]　正如提示所述,只需要将 $R1$ 修改为 $R1=\begin{pmatrix} 1 & 0 & 0 & 0 \\ 0 & -1 & 0 & 0 \\ 0 & 0 & 1 & 0 \\ 0 & 0 & 0 & 1 \end{pmatrix}$,这是一个

0 控 Z 门,控制比特仍为第一个比特,当第一个比特为 0 时,对第二个比特实施 Z 门.0 控 Z 门可以用这样的序列实现:控制比特的 X 门,1 控 Z 门(常见的控制 Z 门),控制比特的 X 门.

4.9　量子近似计数算法

4.9.1　引言

利用 Grover 算法,量子计算机可以进行无序数据库搜索,当数据库中有多个满足要求的数据时,最后得到的结果是对应于这些数据的量子态的均匀叠加.然而,如果想成功对数据库进行 Grover 搜索,则需要知道数据库中满足要求的数据的个数.利用量子计数算法可以得到一个数据库中满足要求的数据的个数.量子近似计数算法能以一定的精度得到一个数据库里满足条件的数据的个数.该算法与 Grover 算法类似,能比经典算法有约 $\sqrt{N}$ 倍的提速.

4.9.2　实验原理

1. 问题概述

在 Grover 量子算法实验中我们介绍过,如果在一个没有顺序的数据库里有一个目标数据,怎样利用量子算法找到它.当数据库中有多个(例如 M 个)目标数据时,Grover 算法的实施步骤和只有一个目标数据时完全相同,最后找到的结果是所有目标数据的序号态的均匀叠加态.这里,我们对数据库里有多个目标数据的情形进行简单介绍.量子线

路图仍然不变,如图 4.9.1 所示.

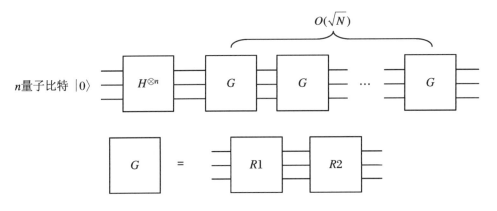

图 4.9.1　有多个目标数据情形的 Grover 搜索算法线路图

第一个操作 $H^{\otimes n}$ 将从 1 到 N 所有序号存储到 n 个量子比特状态中. 操作后的状态为
$$|\varphi\rangle = \frac{1}{\sqrt{N}}(|1\rangle + |2\rangle + |3\rangle + \cdots + |N\rangle) = \frac{1}{\sqrt{N}}\sum_{1}^{N}|x\rangle, |x\rangle$$ 为序号态. 后面的 G 操作
分为两步. 第一步 $R1$ 操作调用了一次 F 函数. F 函数是这样的一个函数,它能查看序号
态对应的数据是否是要寻找的数据,是的话 F 函数返回数值 1,不是的话 F 函数返回数值
0. $R1$ 调用了 F 函数后,将 F 函数数值存储到量子态中,即对所有的 $|x\rangle$ 都实现 $|x\rangle \to$
$(-1)^{F(x)}|x\rangle$. 第二步 $R2$ 操作可以表示为 $R2 = 2|\varphi\rangle\langle\varphi| - I$. 可以看出,和只有一个目
标态的 Grover 算法相比较,只有 $R1$ 的具体形式不同.

我们可以将量子态空间看作两个态矢量 $|\alpha\rangle$ 与 $|\beta\rangle$ 展开的空间,$|\beta\rangle$ 是所有目标数据
对应的序号态的均匀叠加,$|\beta\rangle = \frac{1}{\sqrt{M}}\sum_{x=x_t}|x\rangle$,$x_t$ 指所有目标数据对应的序号. $|\alpha\rangle$ 是除
了目标态外的所有序号态的叠加,$|\alpha\rangle = \frac{1}{\sqrt{N-M}}\sum_{x\neq x_t}|x\rangle$. 所有序号态的均匀叠加态就
是 $|\varphi\rangle = \frac{\sqrt{N-M}}{\sqrt{N}}|\alpha\rangle + \frac{\sqrt{M}}{\sqrt{N}}|\beta\rangle$. 图 4.9.2 给出了态的矢量表示. G 的最终结果是将
$|\varphi\rangle$ 向 $|\beta\rangle$ 方向旋转,旋转角度的一半的正弦是 $\sin\frac{\theta}{2} = \frac{\sqrt{M}}{\sqrt{N}}$. 如果我们用 $[\ ]$ 表示距离一
个实数最近的整数,则旋转 $\left[\dfrac{\arccos(\sqrt{M/N})}{\theta}\right]$ 次就可以使量子态矢量很接近 $|\beta\rangle$,也就

量子计算原理与实践
Quantum Computing Principles and Practices

是说实施 G 操作 $\left[\dfrac{\arccos\left(\sqrt{M/N}\right)}{\theta}\right]$ 次就可以以很高的概率找到目标态 $|\beta\rangle$. 容易证明，如果 $M \leqslant N/2$，则实施 G 操作的次数不会大于 $\dfrac{\pi}{4}\sqrt{\dfrac{N}{M}}$. 前面的分析说明，如果想要高概率找到目标态，则需要明确目标数据有多少个. 倘若目标数据的个数是未知的，就需要先利用量子计数算法来确定目标态个数.

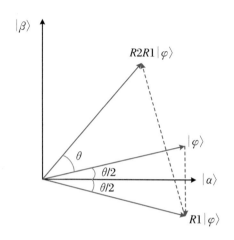

图 4.9.2　Grover 搜索算法将量子态向着目标序号态的均匀叠加态旋转

2. 算法简介

在 Grover 量子算法实验中，一个 n 量子比特的寄存器就可以完成任务. 在量子近似计数算法中，需要两个量子寄存器，如图 4.9.3 所示. 其中一个量子寄存器有 n 量子比

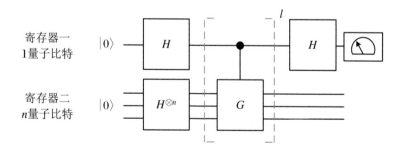

图 4.9.3　量子近似计数算法线路图

特,用于存储数据库里数据的序号态;另一个量子寄存器中的比特作为控制比特,状态为 1 时,对前面所提的 n 量子比特的寄存器进行 G 操作. 具体的估计目标数据个数的方法可以采用量子相位估计,控制比特所处寄存器的比特数越多,估计的精度越高. 这里,我们介绍一种简单的方法,只有一位控制比特[①].

从"1. 问题概述"部分中的分析可知,G 操作可以看作 $|\alpha\rangle$ 与 $|\beta\rangle$ 展开的空间内的一个旋转操作,可以表示为一个 2×2 的矩阵:

$$G = \begin{pmatrix} \cos\theta & -\sin\theta \\ \sin\theta & \cos\theta \end{pmatrix} \tag{4.9.1}$$

所以,G 有两个本征态和两个本征值. 本征态的具体形式是什么并不重要,不妨将它们记为 $|\Psi_1\rangle$ 和 $|\Psi_2\rangle$,它们对应的本征值分别为 $e^{i\theta}$ 和 $e^{i(2\pi-\theta)}$,则

$$G|\Psi_1\rangle = e^{i\theta}|\Psi_1\rangle \tag{4.9.2}$$

$$G|\Psi_2\rangle = e^{i(2\pi-\theta)}|\Psi_2\rangle \tag{4.9.3}$$

序号态的均匀叠加态 $|\varphi\rangle$ 可以表示为 $|\Psi_1\rangle$ 和 $|\Psi_2\rangle$ 的叠加态:$|\varphi\rangle = a|\Psi_1\rangle + b|\Psi_2\rangle$. 如果 G 作用在 $|\varphi\rangle$ 态上 l 次,则

$$G^l|\varphi\rangle = ae^{il\theta}|\Psi_1\rangle + be^{il(2\pi-\theta)}|\Psi_2\rangle \tag{4.9.4}$$

如果控制比特开始时处于 $\frac{1}{\sqrt{2}}(|0\rangle + |1\rangle)$,则经过 l 次受控 G 门后,控制比特和 n 比特寄存器的量子态为

$$\frac{1}{\sqrt{2}}\left[(|0\rangle + e^{il\theta}|1\rangle)a|\Psi_1\rangle + (|0\rangle + e^{il(2\pi-\theta)}|1\rangle)b|\Psi_2\rangle\right] \tag{4.9.5}$$

可以看到,控制比特的 $|1\rangle$ 态前面多了一个相位因子. 为了方便接下来的分析,我们记

$$|\phi_1\rangle = \frac{1}{\sqrt{2}}(|0\rangle + e^{il\theta}|1\rangle), \quad |\phi_2\rangle = \frac{1}{\sqrt{2}}(|0\rangle + e^{il(2\pi-\theta)}|1\rangle) \tag{4.9.6}$$

那么进行 l 次受控 G 门,且对控制比特进行 H 门操作后的态是

$$H(a|\phi_1\rangle|\Psi_1\rangle + b|\phi_2\rangle|\Psi_2\rangle) \tag{4.9.7}$$

其密度矩阵形式为

$$\boldsymbol{\rho} = H(aa^*|\phi_1\rangle|\Psi_1\rangle\langle\Psi_1|\langle\phi_1| + bb^*|\phi_2\rangle|\Psi_2\rangle\langle\Psi_2|\langle\phi_2|$$

---

① Phys. Rev. Lett., 1999, 83:1050.

$$+ ab^* |\phi_1\rangle |\Psi_1\rangle\langle\Psi_2|\langle\phi_2| + a^* b |\phi_2\rangle |\Psi_2\rangle\langle\Psi_1|\langle\phi_1|) H \qquad (4.9.8)$$

接下来的操作是对控制比特的观测.在复合量子系统中,如果只对一个子系统进行观测,则对应于对整个系统的密度矩阵做一个部分迹(partial trace)的运算,运算后的密度矩阵就是被观测的子系统的密度矩阵,这个密度矩阵包含了通过观测这个子系统可以得到的全部信息,称为约化密度矩阵.求部分迹的方法就是 $\sum_k \langle k | \rho | k\rangle$,$| k\rangle$ 是不被观测子系统的所有基矢态.现在,我们将对 ρ 做针对 n 量子比特的寄存器的部分迹运算,来求得控制比特的约化密度矩阵:

$$\rho_c = \text{Tr}_n\rho = \langle\Psi_1| \rho |\Psi_1\rangle + \langle\Psi_2| \rho |\Psi_2\rangle$$
$$= aa^* H |\phi_1\rangle\langle\phi_1| H + bb^* H |\phi_2\rangle\langle\phi_2| H \qquad (4.9.9)$$

这就是我们要测量的密度矩阵.$H |\phi_1\rangle\langle\phi_1| H$ 和 $H |\phi_2\rangle\langle\phi_2| H$ 形式如下:

$$H |\phi_1\rangle\langle\phi_1| H = \frac{1}{2}\begin{bmatrix} 1 + \cos l\theta & \mathrm{i}\sin l\theta \\ -\mathrm{i}\sin l\theta & 1 - \cos l\theta \end{bmatrix} \qquad (4.9.10)$$

$$H |\phi_2\rangle\langle\phi_2| H = \frac{1}{2}\begin{bmatrix} 1 + \cos l(2\pi - \theta) & \mathrm{i}\sin l(2\pi - \theta) \\ -\mathrm{i}\sin l(2\pi - \theta) & 1 - \cos l(2\pi - \theta) \end{bmatrix}$$
$$= \frac{1}{2}\begin{bmatrix} 1 + \cos l\theta & -\mathrm{i}\sin l\theta \\ \mathrm{i}\sin l\theta & 1 - \cos l\theta \end{bmatrix} \qquad (4.9.11)$$

可以看出,上面两式的密度矩阵对角元相同,进而 ρ_c 的两个对角元也分别为 $(1 + \cos l\theta)/2$ 与 $(1 - \cos l\theta)/2$.如果我们测出该比特的 z 方向的角动量 $\langle\sigma_z\rangle = Tr(\sigma_z\rho_c) = \cos l\theta$,就可以测出 θ,也就可以测出 M 的大小.为了提高测量 θ 的精度,一个方法是进行多次实验,逐步增大 l,得到 ρ_c 对角元随 l 的变化曲线,可以通过傅里叶变换或数据拟合得到 θ;另一个方法就是增加控制比特的数目,进行量子相位估计,这里我们不进行深入讨论.

3. 算法实例

我们以搜索一个 $N = 2$ 的数据库为例,此时 $n = 1$,线路图如图 4.9.4 所示.

我们想通过量子近似计数算法找出目标数据的个数.由于整个数据库只有 2 个数据,那么总共可能有四种情况:有 0 个目标数据;有 1 个目标数据,且该数据为数据库中第一个数据;有 1 个目标数据,且该数据为数据库中第二个数据;有 2 个目标数据,且数据库中全部数据都是目标数据.我们来看一下这四种情况下,执行算法所用到的量子门都是什么.这四种情况下的 $R2$ 都是相同的,都是将序号态的均匀叠加态外的其他态变个

符号,即

$$R2 = H \begin{pmatrix} 1 & 0 \\ 0 & -1 \end{pmatrix} H = \begin{pmatrix} 0 & 1 \\ 1 & 0 \end{pmatrix} = \boldsymbol{\sigma}_x \tag{4.9.12}$$

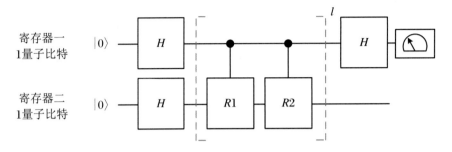

图 4.9.4　数据库 $N = 2$ 时的量子近似计数算法线路图

$\boldsymbol{R}1$ 在这四种情况下分别是 $\boldsymbol{I}_2$，$-\boldsymbol{\sigma}_z$，$\boldsymbol{\sigma}_z$，$-\boldsymbol{I}_2$，这里 $\boldsymbol{I}_2$ 指 2×2 的单位矩阵.

$$\boldsymbol{I}_2 = \begin{pmatrix} 1 & 0 \\ 0 & 1 \end{pmatrix} \tag{4.9.13}$$

$$-\boldsymbol{\sigma}_z = \begin{pmatrix} -1 & 0 \\ 0 & 1 \end{pmatrix} \tag{4.9.14}$$

$$\boldsymbol{\sigma}_z = \begin{pmatrix} 1 & 0 \\ 0 & -1 \end{pmatrix} \tag{4.9.15}$$

$$-\boldsymbol{I}_2 = \begin{pmatrix} -1 & 0 \\ 0 & -1 \end{pmatrix} \tag{4.9.16}$$

需要注意的是,计数算法里要实施的是受控 G 门,所以上面所描述的门都要以受控门的形式实现.受控 R2 门的矩阵形式是

$$\text{control-}\boldsymbol{R}2 = \begin{pmatrix} 1 & 0 & 0 & 0 \\ 0 & 1 & 0 & 0 \\ 0 & 0 & 0 & 1 \\ 0 & 0 & 1 & 0 \end{pmatrix} = \text{CNOT}_x \tag{4.9.17}$$

受控 R1 门在四种情况下分别是

量子计算原理与实践
Quantum Computing Principles and Practices

$$\text{control-}I_2 = \begin{pmatrix} 1 & 0 & 0 & 0 \\ 0 & 1 & 0 & 0 \\ 0 & 0 & 1 & 0 \\ 0 & 0 & 0 & 1 \end{pmatrix} = I_4 \tag{4.9.18}$$

$$\text{control-}(-\boldsymbol{\sigma}_z) = \begin{pmatrix} 1 & 0 & 0 & 0 \\ 0 & 1 & 0 & 0 \\ 0 & 0 & -1 & 0 \\ 0 & 0 & 0 & 1 \end{pmatrix} = \boldsymbol{\sigma}_x^2 \begin{pmatrix} 1 & 0 & 0 & 0 \\ 0 & 1 & 0 & 0 \\ 0 & 0 & 1 & 0 \\ 0 & 0 & 0 & -1 \end{pmatrix} \boldsymbol{\sigma}_x^2 = \boldsymbol{\sigma}_x^2 \text{CNOT}_z \boldsymbol{\sigma}_x^2$$

$$\tag{4.9.19}$$

$$\text{control-}\boldsymbol{\sigma}_z = \begin{pmatrix} 1 & 0 & 0 & 0 \\ 0 & 1 & 0 & 0 \\ 0 & 0 & 1 & 0 \\ 0 & 0 & 0 & -1 \end{pmatrix} = \text{CNOT}_z \tag{4.9.20}$$

$$\text{control-}(-I_2) = \begin{pmatrix} 1 & 0 & 0 & 0 \\ 0 & 1 & 0 & 0 \\ 0 & 0 & -1 & 0 \\ 0 & 0 & 0 & -1 \end{pmatrix} = \boldsymbol{\sigma}_z^1 \tag{4.9.21}$$

这里，I_4 指 4×4 的单位矩阵；CNOT_x 指通常意义上的 CNOT 门，即控制比特为 1 时，对受控比特进行非门操作（σ_x 操作）；CNOT_z 指通常意义上的受控相位门，即控制比特为 1 时，对受控比特进行 σ_z 操作；σ_x^2 指第二个比特上的 σ_x 操作；σ_z^1 指第一个比特上的 σ_z 操作.

从"2. 算法简介"部分中的分析可知，需要观察控制比特的 z 方向的角动量 $\langle\sigma_z\rangle = \cos l\theta$. 通常情况下，我们需要改变 l 的数值，多次重复实验，观测 $\langle\sigma_z\rangle$ 随 l 变化的曲线. 该曲线应该是一个余弦曲线，频率由 θ 大小决定. $n=1$ 时，四种情形中 $\theta = 2\arcsin\sqrt{\dfrac{M}{N}}$ 数值分别为 $0, \dfrac{\pi}{2}, \dfrac{\pi}{2}, \pi$. 图 4.9.5 给出了 θ 为 $0, \dfrac{\pi}{2}, \pi$ 时的 $\langle\sigma_z\rangle$ 曲线理论值（红线），圆圈、方块、五角星形状的数据点为 $l=1,2,\cdots,9,10$ 时的 $\langle\sigma_z\rangle$ 取值. 实验中如果得到下面三种曲线中的某一种，就可以很容易得到 M 是多大：若曲线没有振荡，则 $M=0$；若曲线的振荡角频率为 $\dfrac{\pi}{2}$，则 $M=1$；若曲线的振荡角频率为 π，则 $M=2$. 实际上，由于 $n=1$ 这种情况比较简单，故只测量 $l=1$ 时的 $\langle\sigma_z\rangle$ 取值就可以很大概率地得到 M 的数值. 如果测得

$\langle\sigma_z\rangle$很接近 1,则 $M=0$;如果测得$\langle\sigma_z\rangle$很接近 0,则 $M=1$;如果测得$\langle\sigma_z\rangle$很接近-1,则 $M=2$.

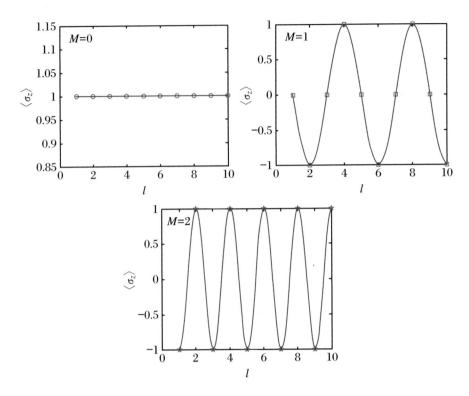

图 4.9.5　$\langle\sigma_z\rangle$在 M 取不同数值时随 l 变化的理论曲线

4.9.3　实验内容

利用 SpinQuasar,完成 $N=2$ 的数据库的量子近似计数算法.实现:(1) 数据库中没有目标数据,(2) 数据库中第一个数据为目标数据,(3) 数据库中第二个数据为目标数据,(4) 数据库中两个数据均为目标数据,这四种情况下的计数算法,通过实验得出每种情况下的 M 是多少.

图 4.9.6～图 4.9.9 分别是这四种情况的线路图.第一比特(^{1}H)为控制比特,第二比特(^{31}P)为存储数据序号态的比特.

量子计算原理与实践
Quantum Computing Principles and Practices

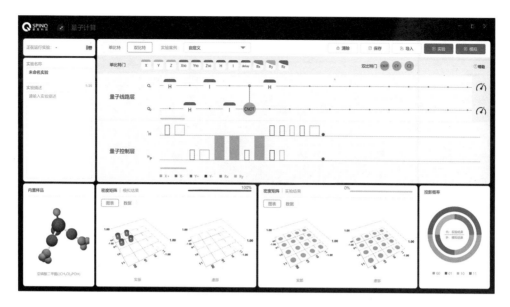

图 4.9.6　数据库中没有目标数据时的量子近似计数算法

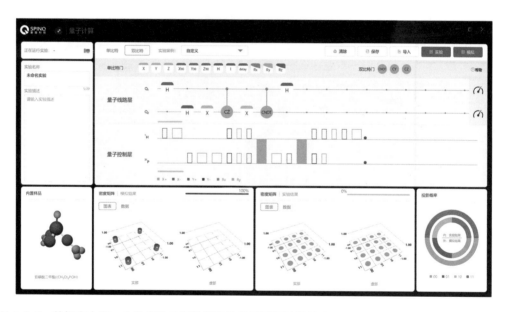

图 4.9.7　数据库中第一个数据为目标数据时的量子近似计数算法

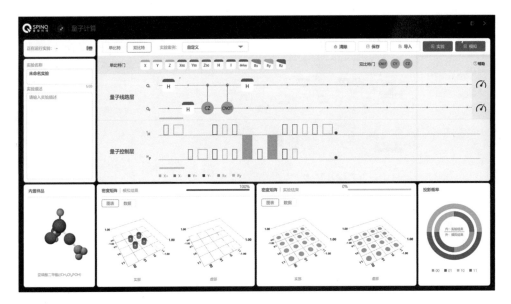

图 4.9.8 数据库中第二个数据为目标数据时的量子近似计数算法

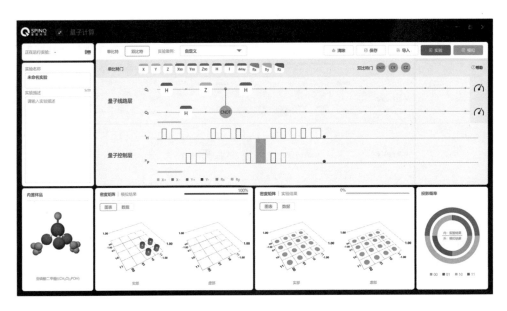

图 4.9.9 数据库中两个数据均为目标数据时的量子近似计数算法

量子计算原理与实践
Quantum Computing Principles and Practices

4.9.4　实验数据处理

从"2. 算法简介"部分中的介绍可知,我们需要观测的是控制比特,然而由于 SpinQuasar 的内置测量程序,我们得到了整个系统的密度矩阵.这并不妨碍我们理解量子近似计数算法,我们这里来手动求一下控制比特(第一比特)的约化密度矩阵.前面我们提到过,约化密度矩阵的求法是 $\sum_k \langle k \mid \rho \mid k \rangle$,$\mid k \rangle$ 是不被观测子系统的所有基矢态.对于两比特 4×4 的密度矩阵 $\boldsymbol{\rho}$,第一比特的约化密度矩阵可以写为

$$\begin{bmatrix} \boldsymbol{\rho}_{11} + \boldsymbol{\rho}_{22} & \boldsymbol{\rho}_{13} + \boldsymbol{\rho}_{24} \\ \boldsymbol{\rho}_{31} + \boldsymbol{\rho}_{42} & \boldsymbol{\rho}_{33} + \boldsymbol{\rho}_{44} \end{bmatrix} \tag{4.9.22}$$

进而可以求出 θ 与 M.

4.9.5　实验提高

上面的实验中,我们只实施了一次受控 G 门.增加受控 G 门实施次数,测出图 4.9.5 中的曲线.

4.10　Bernstein-Vazirani 算法

4.10.1　引言

Bernstein-Vazirani 算法解决了这样一个问题:怎样通过奇偶校验来确定一个未知数据序列.经典算法中,要利用奇偶校验来确定一个 n 位二进制数,需要进行 n 次查询,而利用 Bernstein-Vazirani 奇偶校验量子算法,进行一次查询就可以得到这个未知数据

序列.本实验是基于 Bernstein-Vazirani 算法的一个改进算法[1],这个算法有一个特点,就是并不需要量子纠缠的参与,这个算法是量子叠加提供量子加速的一个例子.

4.10.2　实验原理

1. 问题概述

一个数据库中存有一个 n 位二进制数 $a \in \{0,1\}^n$. 我们用 a_i 表示 a 的第 i 位,$i = 1, \cdots, n$. 假设我们能对这个数据库进行查询,每次查询可以任选一个 n 位二进制数 $x \in \{0,1\}^n$,查询返回的结果是 $a \cdot x \pmod 2$,即 a 和 x 同为 1 的位数的模二加法.可以把这个查询函数记为 $f(x)$,即

$$f(x) = a \cdot x \pmod 2 = \sum_{i=1}^{n} a_i x_i \pmod 2 \tag{4.10.1}$$

这个函数只能返回为 0 或者 1,返回为 0 则说明 a 和 x 同为 1 的位数之和为偶数,返回为 1 则说明 a 和 x 同为 1 的位数之和为奇数.

在有了这样一个查询函数后,若使用经典算法,则需要 n 次查询才能确认 a 是什么,这 n 次查询使用的 x 值为

$$
\begin{array}{cccccc}
1 & 0 & 0 & \cdots & 0 & 0 \\
0 & 1 & 0 & \cdots & 0 & 0 \\
0 & 0 & 1 & \cdots & 0 & 0 \\
\vdots & \vdots & \vdots & & \vdots & \vdots \\
0 & 0 & 0 & \cdots & 1 & 0 \\
0 & 0 & 0 & \cdots & 0 & 1 \\
\end{array}
$$

每次查询都可以确认 a 的一位数值.

2. 算法简介

利用 Bernstein-Vazirani 量子算法解决这个问题,可以只查询一次就得到 a.该量子算法的核心就是制备出一个 n 量子比特的均匀叠加态,将其作为查询函数 $f(x)$ 输入,这意味着利用量子叠加性进行了并行查询,查询后将所有查询结果编码到这个均匀叠加态

---

① Phys. Rev. A，2001，64；042306.

上. 原本的 Bernstein-Vazirani 量子算法和本实验将要介绍的该算法的变形算法的区别只在于原本的 Bernstein-Vazirani 算法用了额外的量子比特来辅助实现这个编码过程，我们不再详细介绍. 图 4.10.1 是本实验算法的线路图.

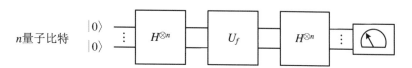

图 4.10.1　本实验中的 Bernstein-Vazirani 算法的变形算法的线路图

n 量子比特起始状态是 $|000\cdots00\rangle$，经过 n 比特的 Hadamard 门 $H^{\otimes n}$ 后，n 量子比特处于一个均匀叠加态：

$$|\varphi\rangle = \frac{1}{\sqrt{2^n}} \sum_{x\in\{0,1\}^n} |x\rangle \tag{4.10.2}$$

这里需要指出的是，Hadamard 门 $H^{\otimes n}$ 对任意一个初始态的作用可以表示为

$$H^{\otimes n}|y\rangle = \frac{1}{\sqrt{2^n}} \sum_{x\in\{0,1\}^n} (-1)^{y\cdot x} |x\rangle \tag{4.10.3}$$

由上式可以推出 $|\varphi\rangle$ 的形式.

$H^{\otimes n}$ 门之后是一个 U_f 门，这个门实现的就是利用 $f(x)$ 函数查询，并将查询结果存入量子态中，方法就是使 $|x\rangle \to (-1)^{f(x)}|x\rangle$，那么 $|\varphi\rangle$ 将会变为

$$|\varphi\rangle \xrightarrow{U_f} \frac{1}{\sqrt{2^n}} \sum_{x\in\{0,1\}^n} (-1)^{f(x)} |x\rangle = \frac{1}{\sqrt{2^n}} \sum_{x\in\{0,1\}^n} (-1)^{a\cdot x} |x\rangle \tag{4.10.4}$$

上式右侧的表达式和 (4.10.3) 式右侧有相同的形式. 由于 $H^{\otimes n}$ 是幺正操作，是可逆的，且 $H^{\otimes n}$ 的逆操作是它本身，因此对上式右侧再施加一个 $H^{\otimes n}$ 门，自然会得到 $|a\rangle$：

$$H^{\otimes n} \frac{1}{\sqrt{2^n}} \sum_{x\in\{0,1\}^n} (-1)^{a\cdot x} |x\rangle = |a\rangle \tag{4.10.5}$$

所以此时测量所有的量子比特，就会得到 $|a\rangle$ 态，这就实现了只利用函数 $f(x)$ 一次，就可以得到 a.

3. 算法中用到的量子门

现在，我们来看一下 U_f 门是怎样实现的. U_f 门可以分解成 n 个单比特门的直积：

$$U_f = U_1 \otimes U_2 \otimes \cdots \otimes U_{n-1} \otimes U_n$$

$$U_i = \begin{cases} \boldsymbol{I}, & a_i = 0 \\ \boldsymbol{\sigma}_z, & a_i = 1 \end{cases}$$

$$\boldsymbol{I} = \begin{pmatrix} 1 & 0 \\ 0 & 1 \end{pmatrix}, \quad \boldsymbol{\sigma}_z = \begin{pmatrix} 1 & 0 \\ 0 & -1 \end{pmatrix} \tag{4.10.6}$$

实施 U_f 相当于在各个比特上实施单比特门 U_i. $H^{\otimes n}$ 门也是各个单比特门 H 的直积. 所以这个算法需要的量子门都是单比特门的直积门, 这样的量子门不能产生纠缠, 再加上算法的初始态是 $|000\cdots00\rangle$, 原本也没有纠缠存在, 这意味着这个算法并没有用到任何量子纠缠. 这个量子算法针对经典算法的加速来源于量子叠加在算法中的应用.

我们将在两比特情形下实施该算法. 两比特情形下, a 有四种可能的取值: 00, 01, 10, 11. 图 4.10.2 给出了这四种情况下该算法的量子线路图.

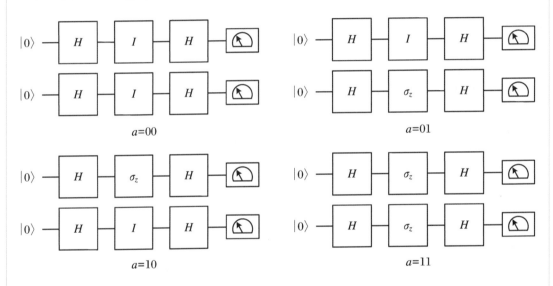

图 4.10.2　两比特情形下, a 取四种可能取值时的算法线路图

4.10.3　实验内容

将上面介绍的 Bernstein-Vazirani 算法的变形算法在两比特情况中实现. 在 SpinQuasar 软件的自定义量子线路功能中, 自己搭建量子线路, 分别实现 a 为 00, 01, 10, 11 时的算法.

搭建 a 为 00 情况下的量子线路,如图 4.10.3 所示.

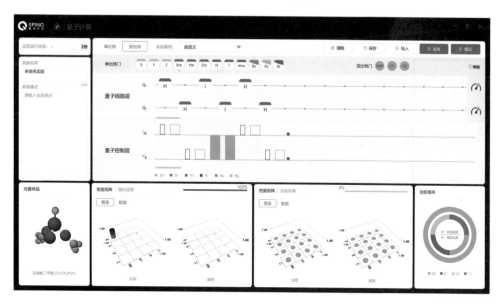

图 4.10.3　a 为 00 情况下的量子线路搭建

搭建 a 为 01 情况下的量子线路,如图 4.10.4 所示.

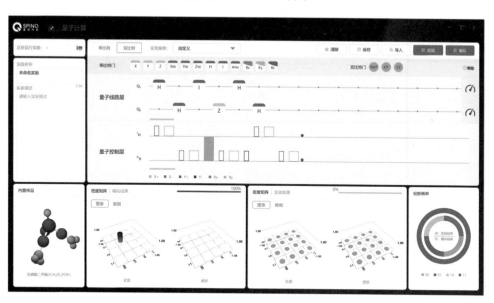

图 4.10.4　a 为 01 情况下的量子线路搭建

搭建 a 为 10 情况下的量子线路,如图 4.10.5 所示.

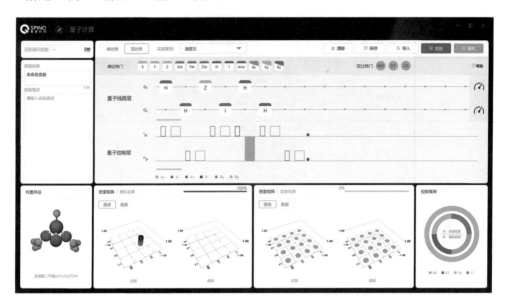

图 4.10.5　a 为 10 情况下的量子线路搭建

搭建 a 为 11 情况下的量子线路,如图 4.10.6 所示.

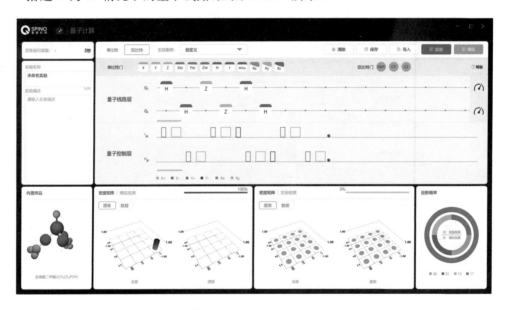

图 4.10.6　a 为 11 情况下的量子线路搭建

量子计算原理与实践
Quantum Computing Principles and Practices

4.10.4　思考与提高

比较模拟结果与实验结果的差异,判断哪种情况的实验结果和模拟结果最接近,哪种差别最大.分析原因.

[**参考答案**]　一般来说,需要量子门数量、脉冲数量较少的线路的实验结果和模拟结果会更接近.另外,脉冲数量相同时,如果在控制效果比较好的比特上有更多的脉冲,结果可能就会优于在控制效果比较差的比特上有更多脉冲的情形.

4.11　量子谐振子模拟

4.11.1　引言

量子模拟(又称量子仿真)是指利用一个可控的量子系统去模拟另一个量子系统,以解决被模拟系统的一些问题.由于量子系统的量子特性,利用经典计算机是很难进行模拟的.量子模拟是人们进行量子计算研究的一个非常重要的目标和内容.本实验利用两比特系统,模拟了四能级的量子谐振子[①].本实验是历史上最早实现的量子模拟.通过本实验,读者可以对量子模拟的方法、步骤有初步的了解.

4.11.2　实验原理

1. 量子模拟

量子系统具有和经典系统非常不同之处.量子系统可以用希尔伯特空间(Hilbert space)来描述,希尔伯特空间的维数是随着量子系统的粒子个数的增长而呈指数增长的.

---

① Phys. Rev. Lett.,1999,82:5381-5384.

量子系统的状态可以是希尔伯特空间中的任意个基矢的叠加态,这就是量子叠加.量子系统中还存在不同于经典系统中所存在的关联——量子关联(量子失谐、量子纠缠).这些都使得使用经典计算机来模拟一个量子系统会比较慢.利用当今的计算机,可以模拟的量子系统最多也只是几十个粒子.然而,有很多问题是需要对量子系统进行有效模拟才能解决的,比如理解多体问题中的很多物理现象、新型量子材料设计等.Feynman 在1982 年提出了一种可能的解决方法,那就是利用一个可控的量子系统去模拟另一个有待解决问题的量子系统.这被称为量子模拟,可控的量子系统被称为量子模拟器.图 4.11.1给出了量子模拟过程的示意图.有待解决问题的量子系统通常是无法控制的,或是在目前实验室条件下无法实现的.该量子系统的初始态编码在量子模拟器的初始态上,量子系统的演化过程用量子模拟器的演化过程来模拟.在制备了量子模拟器的初始态并使它在受控条件下进行演化后,通过测量量子模拟器的末态,可以得到量子系统的末态的一些特性.需要注意的是,两个系统的这种对应关系并不要求两个系统的演化时间完全相同.

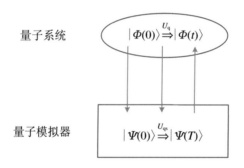

图 4.11.1　量子模拟过程示意图

在量子模拟器上制备出一个初态,对应于真实量子系统的初态,然后用可控的方法实现量子模拟器的演化,用来模拟真实量子系统的演化,最后测量量子模拟器的状态,从中可以得到被模拟系统的末态的有用信息.

2. 量子谐振子

量子谐振子(quantum harmonic oscillator)是量子力学中的一个重要模型,它是数量不多的具有精确解析解的模型之一,而且任意的光滑势阱在稳定平衡点附近都可以用谐振子势阱来近似.对量子谐振子模型的量子模拟是对量子模拟可行性的一个原理上的论证.

量子谐振子的哈密顿量形式是

$$H_{QHO} = \hbar\Omega\left(\hat{N} + \frac{1}{2}\right) = \sum_n \hbar\Omega\left(n + \frac{1}{2}\right)|n\rangle\langle n| \tag{4.11.1}$$

这里,Ω 是量子谐振子的频率,$\hat{N}$ 称为数算符(number operator),它在量子谐振子这个模型中的物理意义是能量子的个数.$|n\rangle$是 $\hat{N}$ 的第 n 个本征态,$\hat{N}|n\rangle = n|n\rangle$,$|n\rangle$也是 H_{QHO} 的第 n 个本征态,$H_{QHO}|n\rangle = \hbar\Omega\left(n + \frac{1}{2}\right)|n\rangle$.所以,$|n\rangle$这个状态具有 n 个能量子,每个能量子的能量是$\hbar\Omega$,$|n\rangle$的能量总共是$\hbar\Omega\left(n + \frac{1}{2}\right)$.注意,$n = 0$ 时,系统的能量不是 0,而是 $\frac{1}{2}\hbar\Omega$,这个能量称为零点能(zero-point energy).下面,我们来看一下,经过 t 时间长度的演化后,量子谐振子会发生什么变化.首先,假设量子谐振子的初态$|\Phi(0)\rangle$是哈密顿量的本征态$|n\rangle$,那么,经过演化后,量子态只是获得一个全局相位 $\exp\left[-it\Omega\left(n + \frac{1}{2}\right)\right]$,这个全局相位无法在实验中观测到,所以观测结果是系统仍然处于$|n\rangle$上.如果量子谐振子初始态处于不同本征态的叠加态上,例如$\frac{1}{\sqrt{2}}(|n\rangle + |m\rangle)$,它的密度矩阵中有不同本征态之间的相干项$|n\rangle\langle m|$和$|m\rangle\langle n|$,经过 t 时间的演化,相干项会获得一个由本征态能级差别决定的相位,变为 $\exp\left[-it\Omega(n - m)\right]|n\rangle\langle m|$ 和 $\exp\left[-it\Omega(m - n)\right]|m\rangle\langle n|$,这个相位变化是可以在实验中被观测到的.

　　量子谐振子具有无穷多个能级,然而我们所用的量子模拟器是一个两比特系统,只有四个能级,我们将模拟一个截断的量子谐振子模型.下式给出了本实验将采用的量子模拟器和量子谐振子本征态之间的对应关系:

$$\begin{cases} |n = 0\rangle \leftrightarrow |\uparrow\uparrow\rangle \\ |n = 1\rangle \leftrightarrow |\downarrow\uparrow\rangle \\ |n = 2\rangle \leftrightarrow |\downarrow\downarrow\rangle \\ |n = 3\rangle \leftrightarrow |\uparrow\downarrow\rangle \end{cases} \tag{4.11.2}$$

我们将$|n = 0\rangle$,$|n = 1\rangle$,$|n = 2\rangle$,$|n = 3\rangle$简记为$|0\rangle$,$|1\rangle$,$|2\rangle$,$|3\rangle$,注意$|0\rangle$和$|1\rangle$并不是我们平常所表示的一个比特的两种状态,我们将一个比特的两种状态记为$|\uparrow\rangle$和$|\downarrow\rangle$.还有一点需要注意,$|\uparrow\uparrow\rangle$,$|\downarrow\uparrow\rangle$,$|\downarrow\downarrow\rangle$,$|\uparrow\downarrow\rangle$的能量并不像$|0\rangle$,$|1\rangle$,$|2\rangle$,$|3\rangle$一样是递增的,即使是这样,上式的这种映射也能完成量子模拟的任务.根据上式的映射,量子谐振子的演化算符 U_q也可以映射到量子模拟器的演化算符上:

$$U_q = \exp\left[-\frac{iH_{QHO}t}{\hbar}\right]$$

$$= \exp\left[-i\Omega t\left(\frac{1}{2}\,|0\rangle\langle0| + \frac{3}{2}\,|1\rangle\langle1| + \frac{5}{2}\,|2\rangle\langle2| + \frac{7}{2}\,|3\rangle\langle3|\right)\right]$$

$$\rightarrow \quad U_{qs} = \exp\left[-i\Omega t\left(\frac{1}{2}\,|\uparrow\uparrow\rangle\langle\uparrow\uparrow| + \frac{3}{2}\,|\downarrow\uparrow\rangle\langle\downarrow\uparrow|\right.\right.$$

$$\left.\left. + \frac{5}{2}\,|\downarrow\downarrow\rangle\langle\downarrow\downarrow| + \frac{7}{2}\,|\uparrow\downarrow\rangle\langle\uparrow\downarrow|\right)\right] \tag{4.11.3}$$

将 U_{qs} 用量子模拟器的自旋算符的形式表达出来是

$$U_{qs} = \exp\left\{i\Omega t\left[\sigma_z^2\left(1 + \frac{1}{2}\sigma_z^1\right)\right]\right\}\exp\left[-i\,2\Omega t\right] \tag{4.11.4}$$

U_{qs} 中有一个全局相位,在观测时,全局相位观测不到,所以我们只关注怎么实现 $\exp\left\{i\Omega t\left[\sigma_z^2\left(1 + \frac{1}{2}\sigma_z^1\right)\right]\right\}$,且接下来我们将 U_{qs} 记为 $\exp\left\{i\Omega t\left[\sigma_z^2\left(1 + \frac{1}{2}\sigma_z^1\right)\right]\right\}$.

$\exp\left\{i\Omega t\left[\sigma_z^2\left(1 + \frac{1}{2}\sigma_z^1\right)\right]\right\}$ 可进一步拆解为核磁共振系统的基本量子门:

$$\exp\left\{i\Omega t\left[\sigma_z^2\left(1 + \frac{1}{2}\sigma_z^1\right)\right]\right\} = \exp\left[i\Omega t\sigma_z^2\right]\exp\left[i\Omega t\,\frac{1}{2}\sigma_z^1\sigma_z^2\right]$$

$$= \exp\left[i\Omega t\sigma_z^2\right]\exp\left[i\,\frac{\pi}{2}\sigma_x^1\right]\exp\left[-i\Omega t\,\frac{1}{2}\sigma_z^1\sigma_z^2\right]\exp\left[-i\,\frac{\pi}{2}\sigma_x^1\right]$$

$$= \exp\left[i\,\frac{\pi}{4}\sigma_x^2\right]\exp\left[-i\Omega t\sigma_y^2\right]\exp\left[-i\,\frac{\pi}{4}\sigma_x^2\right]\exp\left[i\,\frac{\pi}{2}\sigma_x^1\right]$$

$$\cdot \exp\left[-i\Omega t\,\frac{1}{2}\sigma_z^1\sigma_z^2\right]\exp\left[-i\,\frac{\pi}{2}\sigma_x^1\right] \tag{4.11.5}$$

按照上式,要实现演化时间长度为 t 的 U_q 的模拟,步骤就是:首先在第一个比特施加一个 x 方向 π 脉冲,然后施加一个时长为 $\Omega t/(\pi J)$ 的自由演化门(J 为两比特的耦合强度),再依次施加第一个比特的 $-x$ 方向 π 脉冲、第二个比特的 $-z$ 方向旋转 $2\Omega t$ 角度的脉冲. 如果初始态是 $|\uparrow\uparrow\rangle,|\uparrow\downarrow\rangle,|\downarrow\downarrow\rangle,|\downarrow\uparrow\rangle$ 中某些态的叠加态,也就是说模拟了谐振子基矢态的叠加态,那么经过演化 U_{qs},模拟了演化 U_q,从末态的密度矩阵中的基矢态的相干项中就可以看到由量子谐振子能级差决定的相位变化.

4.11.3　实验内容

（1）模拟初态为$|0\rangle$的量子谐振子演化过程，搭建量子线路如图4.11.2所示．"delay"门代表的是自由演化门，需要一个输入参数"延时(μs)"．"Ry"和"Rx"代表的是绕y轴和x轴的任意旋转门，各需一个输入参数"角度($°$)"．由于需要模拟量子态在量子谐振子哈密顿量下的演化过程，因此需要改变Ωt数值进行多次实验，对应于改变实验序列中的"delay"门的延时和"Ry"门的角度．Ωt为$\begin{bmatrix} 0.1 & 0.2 & 0.3 & 0.4 & 0.5 & 0.6 & 0.7 \\ 0.8 & 0.9 & 1 \end{bmatrix}2\pi$时，"delay"门的延时是$\begin{bmatrix} 287 & 574 & 860 & 1147 & 1434 & 1721 & 2008 \\ 2294 & 2581 & 2868 \end{bmatrix}\mu$s，"Ry"门的角度是$\begin{bmatrix} 72 & 144 & 216 & 288 & 360 & 432 & 504 & 576 \\ 648 & 720 \end{bmatrix}°$．针对$\Omega t$的每一个数值，搭建量子电路．需要注意的是，这里我们用绕x轴旋转270°的操作，代替了绕$-x$轴旋转90°的操作．

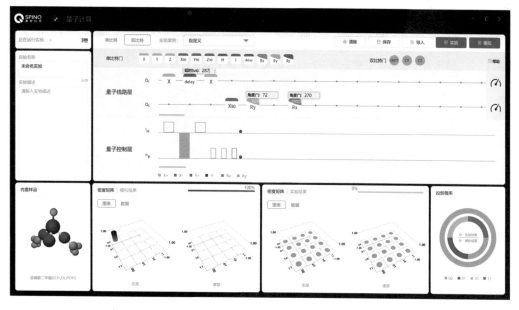

图4.11.2　搭建量子线路模拟初态为$|0\rangle$的量子谐振子演化过程

（2）模拟初态为$|0\rangle+|3\rangle$的量子谐振子演化过程，搭建量子线路如图4.11.3所示．

第一个量子门"Y90"就是用来实现$|0\rangle+|3\rangle$这样一个叠加态的．该情形下，同上一步一样观测Ωt为$\begin{bmatrix} 0.1 & 0.2 & 0.3 & 0.4 & 0.5 & 0.6 & 0.7 & 0.8 & 0.9 & 1 \end{bmatrix}2\pi$时的密度矩阵．"delay"门的延时分别取$\begin{bmatrix} 287 & 574 & 860 & 1147 & 1434 & 1721 & 2008 & 2294 & 2581 \end{bmatrix}$

2868]μs,"Ry"门的角度分别取[72　144　216　288　360　432　504　576　648　720]°.针对 Ωt 的每一个数值,搭建量子电路.

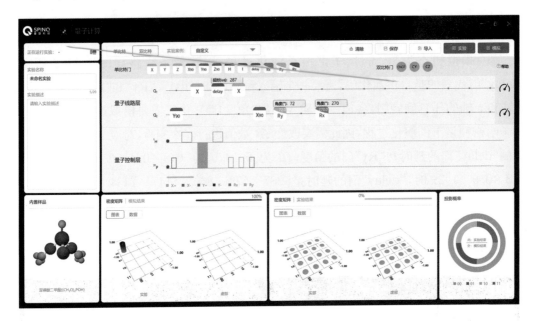

图 4.11.3　搭建量子线路模拟初态为 $|0\rangle + |3\rangle$ 的量子谐振子演化过程

4.11.4　实验数据处理

(1) 在初始态为 $|0\rangle$ 时,利用公式 $F(|\varphi\rangle, \rho) = \langle \varphi | \rho | \varphi \rangle$ 计算 Ωt 取不同值时末态与 $|0\rangle$ 之间的保真度.

(2) 在初始态为 $|0\rangle + |3\rangle$ 时,ρ_{12} 矩阵元是 $|0\rangle$ 和 $|3\rangle$ 的相干项,求出其辐角和振荡周期.

4.11.5　思考与提高

(1) 从 4.11.4(1)的数据中是否可以得出结论:$|0\rangle$ 态在谐振子哈密顿量作用下除了获得全局相位因子外并不发生变化?

[**参考答案**]　在理论上,这个保真度应该一直为 1,$|0\rangle$ 态在谐振子哈密顿量作用下

除了获得全局相位因子外并不发生变化.

（2）实现量子态$|0\rangle+|1\rangle+|2\rangle+|3\rangle$在量子谐振子哈密顿量作用下的演化.思考在密度矩阵的相干项中,可以观测到几种频率的振荡.

[参考答案]　$|0\rangle+|1\rangle+|2\rangle+|3\rangle$是四个基矢态的均匀叠加态,可以用两个 H 门来实现.可以观测到三种频率的振荡.

4.12　开放量子系统模拟

4.12.1　引言

开放量子系统是指量子系统不是孤立存在的,而是和环境有相互作用.研究量子系统和环境的相互作用,可以帮助理解耗散、热平衡、相变等过程,甚至一些更基本的物理过程,比如测量、量子向经典的过渡等过程,都可能受益于对开放系统的研究.自然存在的系统和环境的相互作用往往是不可控的.本实验以可以控制的方式模拟了相位衰减、振幅衰减这两种非常重要的单比特量子通道（quantum channel）[①].

4.12.2　实验原理

1. 开放量子系统

开放量子系统 S 可以看作一个复合系统的子系统.这个复合系统包括该量子系统 S 和它的环境.这个复合系统的演化是幺正演化.通常默认,在初始状态下,环境和量子系统之间不存在关联,所以初始状态密度矩阵可以记为$\rho_{E}^{0}\otimes\rho_{S}^{0}$,经过幺正演化后系统的状态为$U\rho_{E}^{0}\otimes\rho_{S}^{0}U^{\dagger}$.由于我们所关心的是 S 的状态,或者说我们能测量的是 S 的状态,因此开放量子系统所研究的密度矩阵是将$U\rho_{E}^{0}\otimes\rho_{S}^{0}U^{\dagger}$进行部分迹运算（partial trace）.将环

---

① Phys. Rev. A, 2017，96：062303；Sci. China Phys. Mech. Astron.，2018，61：70311.

境自由度去除后的 S 系统的约化密度矩阵为

$$\boldsymbol{\rho}_S = \mathrm{Tr}_E(U\rho_E^0 \otimes \rho_S^0 U^\dagger) \tag{4.12.1}$$

这个过程可以用一个完全正定和保迹的映射来描述：

$$\boldsymbol{\rho}_S = \boldsymbol{\varepsilon}(\rho_S^0) = \sum_i E_i \rho_S^0 E_i^\dagger \tag{4.12.2}$$

E_i 被称为克劳斯(Kraus)算子,且满足 $\sum_i E_i E_i^\dagger = I$,这里 I 是单位矩阵. 在大多数情况下, $\rho_S^0 \to \rho_S$ 的过程不是幺正演化, E_i 也不是幺正算符,并且 E_i 的选择不唯一,我们会在后面的单比特情形中加以举例说明. 上式通常被称为一个量子通道.

2. 对偶量子算法模拟量子通道

对偶量子算法[1]利用幺正算符的线性组合来进行量子计算. 它采用了辅助比特,对于量子计算系统和辅助系统的复合系统,演化是幺正的,但是对于量子计算系统的子空间,演化不再是幺正的,这样就能实现非幺正操作,以实现量子计算中幺正操作所不能实现的一些功能. 图 4.12.1 给出了对偶量子算法的线路图. 算法的实施需要 n 个工作比特和一个 d 维的辅助系统. n 个工作比特的初始态为 $|\psi\rangle$,辅助系统的初始态为 $|0\rangle$. V 和 W 为幺正操作,在对偶量子算法里分别称为分波算符和合波算符. V 和 W 之间的操作为 0 控 U_0 操作、1 控 U_1 操作……$d-2$ 控 U_{d-2} 操作、$d-1$ 控 U_{d-1} 操作. W 操作结束后,对辅助系统进行测量,若测得了 $|k\rangle$ 态,则工作系统所处状态为 $\sum_i c_i^k U_i |\psi\rangle$,系数 c_i^k 的大小由 V 和 W 的具体形式决定. 由此可见,经过这个过程后,相当于对 $|\psi\rangle$ 进行了一个非幺正操作 L_k,且操作算符是一系列幺正算符的线性叠加 $L_k = \sum_i c_i^k U_i$. L_k 被称为对偶门. 容易证明,L_k 也满足 $\sum_k L_k L_k^\dagger = I$.

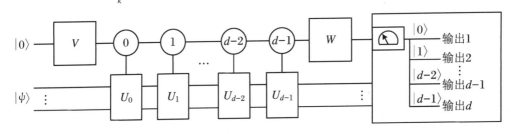

图 4.12.1　对偶量子算法的线路图

---

① Communications in Theoretical Physics,2006,45(5):825.

Kraus 算符就可以用对偶门来实现. 所以图 4.12.1 所示的电路可以用来模拟 (4.12.2) 式中描述的量子通道, 也就是可以应用对偶量子算法来模拟开放量子系统的演化. 在用图 4.12.1 所示电路模拟开放量子系统的演化时, 最后不需要对辅助系统进行测量, 工作系统的状态就是 $\sum_i E_i \rho_S^0 E_i^\dagger = \sum_i L_i \rho_S^0 L_i^\dagger$; 若对辅助系统进行测量, 则可以得到辅助系统测量结果 (例如 $|k\rangle$) 所对应的 Kraus 算符作用到工作比特密度矩阵上的结果 $E_k \rho_S^0 E_k^\dagger = L_k \rho_S^0 L_k^\dagger$.

3. 单比特量子通道模拟

对于单比特 ($n = 1$) 情形, 任意的量子通道最多需要四个 Kraus 算符描述:

$$\rho_S = \varepsilon(\rho_S^0) = E_0 \rho_S^0 E_0^\dagger + E_1 \rho_S^0 E_1^\dagger + E_2 \rho_S^0 E_2^\dagger + E_3 \rho_S^0 E_3^\dagger \tag{4.12.3}$$

由图 4.12.1 可知, 模拟一个单比特量子通道, 最多需要一个四维的辅助系统, 四维的辅助系统可以由两比特实现. 魏世杰等人[1]介绍了怎样去模拟一个任意的单比特量子通道. 比较常见的单比特量子通道有相位衰减通道 (phase damping, 记为 ε_{PD})、振幅衰减通道 (amplitude damping, 记为 ε_{AD})、去极化通道 (depolarising, 记为 ε_{DEP}). 相位衰减通道和振幅衰减通道都有两个 Kraus 算符, 去极化通道有四个 Kraus 算符, 相位衰减通道和振幅衰减通道的模拟都只需要一个辅助比特, 去极化通道的模拟需要两个辅助比特. 本实验将不进行去极化通道的模拟, 只模拟相位衰减通道和振幅衰减通道.

前面我们提到过, Kraus 算符的选取并不唯一, 下面我们给出相位衰减通道的 Kraus 算符的两种形式. 第一种形式是

$$\begin{aligned} E_0 &= \left(1 - \frac{\lambda}{2}\right)I + \frac{\lambda}{2}\boldsymbol{\sigma}_z = \begin{pmatrix} 1 & 0 \\ 0 & 1 - \lambda \end{pmatrix} \\ E_1 &= \frac{\sqrt{2\lambda - \lambda^2}}{2}I - \frac{\sqrt{2\lambda - \lambda^2}}{2}\boldsymbol{\sigma}_z = \begin{pmatrix} 0 & 0 \\ 0 & \sqrt{2\lambda - \lambda^2} \end{pmatrix} \end{aligned} \tag{4.12.4}$$

这里, $0 \leqslant \lambda \leqslant 1$ 是相位衰减通道的强度. 第二种形式是

$$E_0 = \sqrt{1 - \frac{\lambda}{2}}I = \begin{pmatrix} \sqrt{1 - \frac{\lambda}{2}} & 0 \\ 0 & \sqrt{1 - \frac{\lambda}{2}} \end{pmatrix}, \quad E_1 = \sqrt{\frac{\lambda}{2}}\boldsymbol{\sigma}_z = \begin{pmatrix} \sqrt{\frac{\lambda}{2}} & 0 \\ 0 & -\sqrt{\frac{\lambda}{2}} \end{pmatrix} \tag{4.12.5}$$

---

[1] Sci. China Phys. Mech. Astron., 2018, 61: 70311.

将(4.12.4)和(4.12.5)两式分别代入(4.12.2)式,都可以得到

$$\varepsilon_{PD}(\rho) = \begin{bmatrix} \rho_{11} & (1-\lambda)\rho_{12} \\ (1-\lambda)\rho_{21} & \rho_{22} \end{bmatrix} \tag{4.12.6}$$

可以看出,这个量子通道的作用就是保持密度矩阵对角元不变,将其非对角元变小,这意味着工作比特的 z 方向角动量 $\frac{\hbar}{2}\langle\sigma_z\rangle$ 会保持不变,但是 x,y 方向角动量 $\frac{\hbar}{2}\langle\sigma_x\rangle$ 和 $\frac{\hbar}{2}\langle\sigma_y\rangle$ 会变小. 当通道的强度达到最大,即 $\lambda=1$ 时,x,y 方向角动量会完全变为 0. 图 4.12.2 所示的两个电路都可以实现对相位衰减通道的模拟,分别采用了以上相位衰减通道的两种 Kraus 算符分解方式.

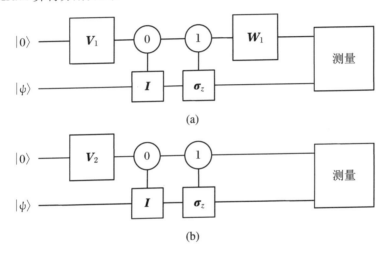

图 4.12.2　对相位衰减通道的模拟线路图

图 4.12.2 中的量子门 V_1, V_2, W_1 均为

$$V_1 = W_1 = V_2 = \begin{bmatrix} \sqrt{1-\dfrac{\lambda}{2}} & \sqrt{\dfrac{\lambda}{2}} \\ \sqrt{\dfrac{\lambda}{2}} & -\sqrt{1-\dfrac{\lambda}{2}} \end{bmatrix} \tag{4.12.7}$$

这说明最后一个量子门有差别的两个电路可以用来模拟同一个量子通道. 这也并不奇怪,因为第一个线路多出来的最后这个量子门 W_1 只是作用在环境上,倘若我们对环境状态并不感兴趣,而直接测量工作比特状态,则有没有 W_1 门并不会对测量结果产生影

响,所以上面这两个电路对工作比特的影响是相同的.然而,如果我们想观测某个 Kraus 算符作用下的工作比特状态,则需要同时测量环境比特和工作比特,这时最后有没有 W_1 门就决定我们能观测到结果的 Kraus 算符是第一种分解方法还是第二种分解方法.由此可见,描述量子通道,Kraus 算符的选择并不唯一,对一个量子通道进行模拟,其线路选择也并不唯一.

现在我们来看一下振幅衰减通道,其 Kraus 算符的常用形式是

$$
\begin{aligned}
E_0 &= \left(1 - \frac{\gamma}{2}\right)I + \frac{\gamma}{2}\sigma_z = \begin{pmatrix} 1 & 0 \\ 0 & 1 - \gamma \end{pmatrix} \\
E_1 &= \frac{\sqrt{2\gamma - \gamma^2}}{2}\sigma_x - \frac{\sqrt{2\gamma - \gamma^2}}{2}\sigma_x\sigma_z = \begin{pmatrix} 0 & \sqrt{2\gamma - \gamma^2} \\ 0 & 0 \end{pmatrix}
\end{aligned}
\tag{4.12.8}
$$

这里,γ 是振幅衰减通道的强度,$0 \leqslant \gamma \leqslant 1$.将(4.12.8)式代入(4.12.2)式,可以得到该通道对工作比特的作用

$$
\varepsilon_{\mathrm{AD}}(\rho) = \begin{pmatrix} \rho_{11} + (2\gamma - \gamma^2)\rho_{22} & (1 - \gamma)\rho_{12} \\ (1 - \gamma)\rho_{21} & (1 - \gamma)^2\rho_{22} \end{pmatrix}
\tag{4.12.9}
$$

振幅衰减通道不但改变了密度矩阵非对角元,也改变了密度矩阵对角元,它会使 x,y 方向角动量 $\frac{\hbar}{2}\langle\sigma_x\rangle$ 和 $\frac{\hbar}{2}\langle\sigma_y\rangle$ 变小,同时使 z 方向角动量 $\frac{\hbar}{2}\langle\sigma_z\rangle$ 变大.当 $\gamma = 1$ 时,振幅衰减通道强度最大,这时

$$
\varepsilon_{\mathrm{AD}}(\rho) = \begin{pmatrix} 1 & 0 \\ 0 & 0 \end{pmatrix}
\tag{4.12.10}
$$

所以,无论 ρ 是什么态,振幅衰减通道都会使它趋向 $|0\rangle$ 这个固定的态变化.振幅衰减通道可以用来对量子系统进行初始化.图 4.12.3 所示的电路可以用来模拟振幅衰减通道.

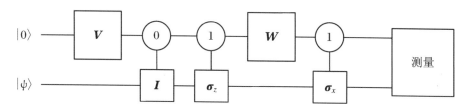

图 4.12.3　对振幅衰减通道的模拟线路图

图 4.12.3 中的最后一个 1 控 $\boldsymbol{\sigma}_x$ 门其实就是我们平常所说的 CNOT 门.电路中的 $\boldsymbol{V}$ 和 $\boldsymbol{W}$ 门为

$$V = W = \begin{pmatrix} \sqrt{1 - \dfrac{\gamma}{2}} & \sqrt{\dfrac{\gamma}{2}} \\ \sqrt{\dfrac{\gamma}{2}} & -\sqrt{1 - \dfrac{\gamma}{2}} \end{pmatrix} \tag{4.12.11}$$

通过对比上面的电路和模拟相位衰减通道的第一个电路,不难发现它们之间的区别只在于最后一个 1 控 $\boldsymbol{\sigma}_x$ 门.这种相似性可以通过比较(4.12.4)式和(4.12.8)式来理解. (4.12.4)式和(4.12.8)式中的 $\boldsymbol{E}_0$ 相同,(4.12.8)式中的 $\boldsymbol{E}_1$ 是(4.12.4)式中的 $\boldsymbol{E}_1$ 左乘 $\boldsymbol{\sigma}_x$ 的结果.所以振幅衰减通道的实现方式可以认为是先将相位衰减通道按照第一种方式实现,然后在辅助比特为 1 时对工作比特施加 $\boldsymbol{\sigma}_x$ 操作,这样就可将相位衰减通道的 $\boldsymbol{E}_1$ 变为振幅衰减通道的 $\boldsymbol{E}_1$.

4.12.3 实验内容

实现单比特开放量子系统的相位衰减通道和振幅衰减通道的模拟.

(1) 利用第一种方式模拟相位衰减通道.分别将工作比特初始态制备在 $|0\rangle$,$|1\rangle$,$\dfrac{1}{\sqrt{2}}(|0\rangle + |1\rangle)$,模拟 $\lambda = 1$ 时的相位衰减通道.

第一比特(^{1}H)为辅助比特,第二比特(^{31}P)为工作比特.将工作比特初始态制备在 $|0\rangle$,模拟 $\lambda = 1$ 时的相位衰减通道.此时的 $\boldsymbol{V}$ 和 $\boldsymbol{W}$ 门均为 H 门.需要注意的是,0 控 $\boldsymbol{I}$ 门相当于什么操作都不做.拖动右侧单比特门和双比特门序列中的相应量子门,实现图 4.12.4 中的量子电路.

将工作比特初始态制备在 $|1\rangle$,模拟 $\lambda = 1$ 时的相位衰减通道,如图 4.12.5 所示.

将工作比特初始态制备在 $\dfrac{1}{\sqrt{2}}(|0\rangle + |1\rangle)$,模拟 $\lambda = 1$ 时的相位衰减通道,如图 4.12.6 所示.

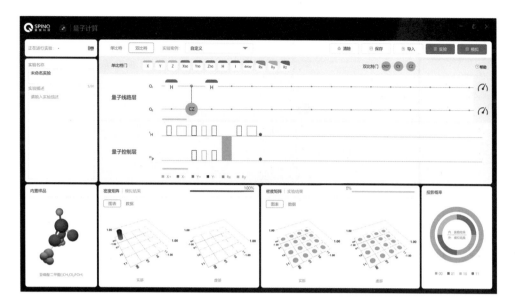

图 4.12.4　利用第一种方式模拟相位衰减通道，工作比特初始态制备在 $|0\rangle$

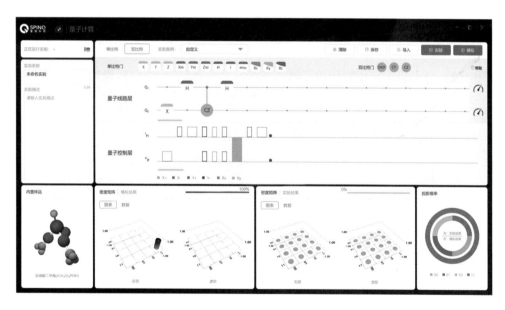

图 4.12.5　利用第一种方式模拟相位衰减通道，工作比特初始态制备在 $|1\rangle$

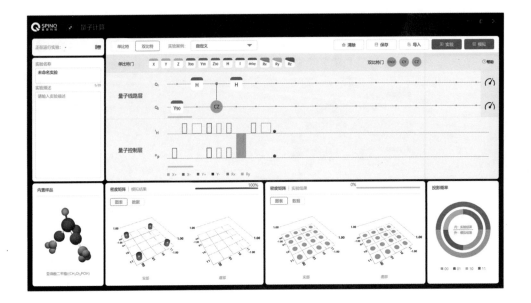

图 4.12.6　利用第一种方式模拟相位衰减通道，工作比特初始态制备在 $\frac{1}{\sqrt{2}}(|0\rangle+|1\rangle)$

（2）利用第二种方式模拟相位衰减通道．第一比特（^{1}H）为辅助比特，第二比特（^{31}P）为工作比特．分别将工作比特初始态制备在 $|0\rangle$，$|1\rangle$，$\frac{1}{\sqrt{2}}(|0\rangle+|1\rangle)$，模拟 $\lambda=1$ 时的相位衰减通道．

与（1）中电路唯一的不同就是，第一种方式实验电路的最后一个 H 门在这里需要去除．

（3）模拟振幅衰减通道．分别将工作比特初始态制备在 $|0\rangle$，$|1\rangle$，$\frac{1}{\sqrt{2}}(|0\rangle+|1\rangle)$，模拟 $\gamma=1$ 时的振幅衰减通道．

第一比特（^{1}H）为辅助比特，第二比特（^{31}P）为工作比特．将工作比特初始态制备在 $|0\rangle$，模拟 $\gamma=1$ 时的振幅衰减通道．此时的 V 和 W 门均为 H 门．拖动右侧单比特门和双比特门序列中的相应量子门，实现图 4.12.7 中的量子电路．

将工作比特初始态制备在 $|1\rangle$，模拟 $\gamma=1$ 时的振幅衰减通道，如图 4.12.8 所示．

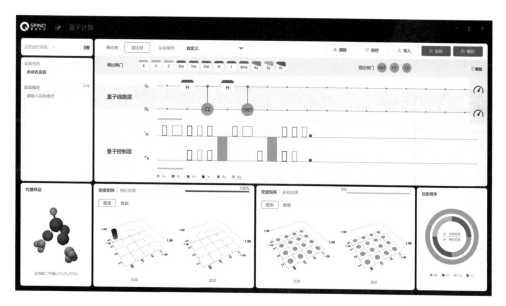

图 4.12.7　模拟振幅衰减通道，工作比特初始态制备在 $|0\rangle$

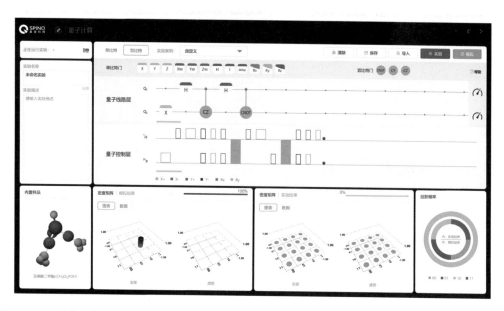

图 4.12.8　模拟振幅衰减通道，工作比特初始态制备在 $|1\rangle$

将工作比特初始态制备在 $\frac{1}{\sqrt{2}}(|0\rangle + |1\rangle)$，模拟 $\gamma = 1$ 时的振幅衰减通道，如图 4.12.9 所示.

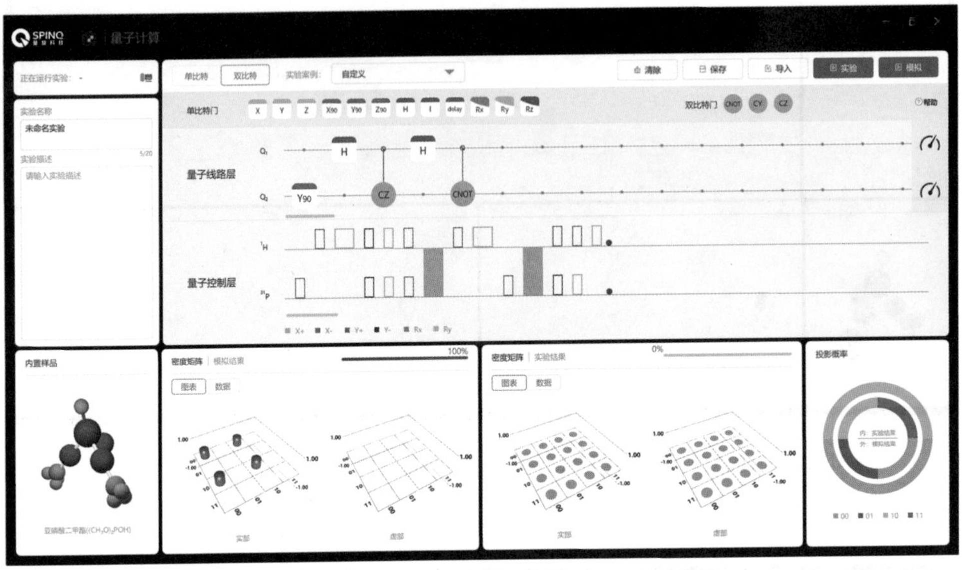

图 4.12.9 模拟振幅衰减通道，工作比特初始态制备在 $\frac{1}{\sqrt{2}}(|0\rangle + |1\rangle)$

4.12.4 实验数据处理

SpinQuasar 的内置测量程序使我们能得到整个复合系统的密度矩阵. 这里，我们来求一下工作比特的约化密度矩阵. 对于两比特 4×4 的密度矩阵 $\boldsymbol{\rho}$，第二比特的约化密度矩阵可以写为

$$\begin{pmatrix} \rho_{11} + \rho_{33} & \rho_{12} + \rho_{34} \\ \rho_{21} + \rho_{43} & \rho_{22} + \rho_{44} \end{pmatrix} \qquad (4.12.12)$$

进而就可以求出工作比特在上述噪声通道后的 $\langle \sigma_x \rangle, \langle \sigma_y \rangle, \langle \sigma_z \rangle$.

4.12.5　思考与提高

（1）对比两种实现相位衰减通道的方法，哪种的实验效果更好？分析为什么.

[**参考答案**]　一般来说，需要量子门数量、脉冲数量较少的线路的实验效果会更好.

（2）从实验结果加深对相位衰减通道和振幅衰减通道的理解.

（3）在上面的实验中，我们只实现了 $\lambda = 1$ 和 $\gamma = 1$ 时的相位衰减通道和振幅衰减通道.如何通过实验实现 λ 和 γ 取其他值时的相位衰减通道和振幅衰减通道？

[**参考答案**]　λ 和 γ 取其他值时，V 和 W 门可能就不是简单的单比特门（系统里现有的单比特门），需要通过组合简单的单比特门来实现.

4.13　混合态几何相位测量

4.13.1　引言

几何相位是很多物理体系中会出现的现象，它是指系统经过一个闭合路径的演化后获得的一种相位变化.几何相在量子力学中也具有重要地位.尤其是在量子计算中，由于几何相对局域噪声、小的参数涨落不敏感，它可被用来构造具有鲁棒性的量子门，是容错量子计算的一种实现方案.本实验在一个混合态系统中测量了几何相位的产生，并研究了不同混合度情况下产生的几何相的不同.

4.13.2　实验原理

1. Berry 相位

几何相位由 S. Pancharatnam 于 1956 年、H. C. Longuet-Higgins 于 1958 年发现，并在 1984 年被 M. V. Berry 推广，故又被称为 Berry 相位.

为了理解 Berry 相位,我们可以先来看一下 Berry 相位的经典类比图像.假设一人手中拿有一根木棍,先从北极沿一经线向南走,走到赤道后再沿赤道走赤道长度的 1/4,然后向北沿经线走到北极.在起始位置,木棍沿经线方向指向南,在行走过程中,木棍的方向保持与地面平行且并没有绕垂直地面的方向旋转,那么在回到北极后,木棍沿回北极时的经线方向指向南.这意味着木棍与它的初始方向有了 π/2 的夹角.这个夹角就是由行走路径的几何性质决定的.

如果量子系统处于其哈密顿量的能量本征态,当哈密顿量的参数缓慢变化时,若满足绝热条件,量子系统将一直处于哈密顿量的本征态上,且这个本征态会在演化过程中获得相位变化.当参数空间变化满足一个闭合路径,即哈密顿量恢复了原样时,量子态获得的相位变化一部分是在每个时刻的哈密顿量作用下演化产生的相位,称为动力学相;另一部分就是 Berry 相位,它起源于系统的参数空间的几何性质.对于二能级系统,例如 1/2 核自旋,假设其处于与外磁场相互作用哈密顿量的本征态 $|0\rangle$ 上,即其自旋磁矩与磁场方向一致.那么,如果非常缓慢地改变磁场方向,则自旋磁矩方向随着磁场方向一起变化.当磁场方向变回原来的方向时,自旋磁矩也回到原来的方向,只是状态已经获得了一个相位变化,变为 $e^{i(\alpha+\beta)}|0\rangle$,$\alpha$ 为动力学相位,β 为 Berry 相位,表达形式如下:

$$\alpha = -\frac{1}{\hbar}\int_0^\tau E(t')\mathrm{d}t' \tag{4.13.1}$$

$$\beta = -\frac{1}{2}\Omega \tag{4.13.2}$$

$E(t')$ 为 t' 时刻 $|0\rangle$ 态对应的能量,由哈密顿量决定;Ω 是闭合路径所对应的立体角.倘若自旋一开始就处于 $|1\rangle$ 态,即它与磁场方向相反,则当磁场经过同样的路径演化回原样后,量子态获得的 Berry 相位是 $\frac{1}{2}\Omega$,这是因为 $|1\rangle$ 态、$|0\rangle$ 态方向相反,所走过路径对应的立体角相差一个负号.由上式可以看出,Berry 相是和哈密顿量没有关系的,只与演化路径有关.

2. 非绝热过程的几何相位

上一部分讨论的 Berry 相位产生于一个绝热变化过程.但研究者们已经证明,由于完全来自于演化路径的几何性质,几何相位的产生并不一定需要绝热演化.绝热演化只是一个特例.一个量子态沿一个闭合路径发生幺正演化,在这个过程中会获得一个相位,其中一部分是动力学相位,另一部分是几何相位,而且无论实现该幺正演化的哈密顿量形式是什么,几何相位都是一样的,因为它只与量子态的演化路径有关.当满足

量子计算原理与实践
Quantum Computing Principles and Practices

一定条件时[①]，动力学相位为 0，即只有几何相位. 如图 4.13.1 所示，1/2 自旋 $|0\rangle$ 态绕测地线演化了一个闭合路径，满足动力学相位为 0 的条件，且闭合路径对应的立体角为 Ω，它在这个过程中得到的几何相位为

$$\beta = -\frac{1}{2}\Omega \tag{4.13.3}$$

类似地，如果初始态是 $|1\rangle$ 态，则在这个幺正演化下所走的路径对应的立体角为 $-\Omega$，获得的几何相位为 $\frac{1}{2}\Omega$.

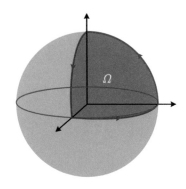

图 4.13.1　1/2 自旋 $|0\rangle$ 态绕测地线演化了一个闭合路径(闭合路径对应的立体角为 Ω)

3. 混合态的几何相位

上面两部分讨论的都是纯态获得的几何相位. 然而在很多情形中，会涉及混合态. 例如，由于几何相位只由演化路径决定，对很多噪声具有鲁棒性，它很有希望应用于容错量子计算中. 然而在容错量子计算中，量子系统和环境具有相互作用，使其往往处于混合态. 所以研究混合态的几何相位是一个很重要的课题. Sjöqvist E 等人[②]给出了混合态几何相位的一种定义：经过了一个幺正演化的混合态在相干实验中引起的相位偏移. 混合态所经历的这个幺正演化需要满足平移演化的条件(parallel transport)：对于这个幺正演化中任意无限小的一步，量子态获得的相位变化为 0. 可以证明，满足平移演化条件时，动力学相位为 0. 经过这个幺正演化过程后，初始混合态密度矩阵的所有本征态各获得一个几何相位，记为 γ_n，并且具有干涉可见度 v_n，整个混合态获得的几何相位 γ 和干涉可见度 v 满足下式：

①　Nature，1992，360：307.
②　Phys. Rev. Lett.，2000，85：2845.

$$ve^{i\gamma} = \sum_n p_n v_n e^{i\gamma_n} \tag{4.13.4}$$

p_n 为第 n 个本征态对应的本征值.

4. 核磁共振系统测量混合态几何相位

本实验采用杜江峰等人[①]的实验设计,在核磁共振系统中测量混合态的几何相位,验证是否与 Sjöqvist E 等人给出的混合态定义一致.

我们使用两比特核磁共振系统,将其中一比特制备在 $|+\rangle = \frac{\sqrt{2}}{2}(|0\rangle + |1\rangle)$ 和 $|-\rangle = \frac{\sqrt{2}}{2}(|0\rangle - |1\rangle)$ 的混合态,并对其进行满足平移演化条件的幺正操作.我们可以把初始混合态密度矩阵写为如下形式:

$$\boldsymbol{\rho}(0) = \frac{1}{2}(I - \boldsymbol{r} \cdot \boldsymbol{\sigma}) = \frac{1}{2}(I - r\boldsymbol{\sigma}_x) \tag{4.13.5}$$

这里,r 称为 Bloch 矢量,r 是 Bloch 矢量的长度,代表该量子态的纯度,$r = 0$ 时,它是一个完全混合态,$r = 1$ 时为纯态.$|-\rangle$ 和 $|+\rangle$ 是上式密度矩阵的两个本征态,对应的本征值分别是 $\frac{1}{2}(1 + r)$ 和 $\frac{1}{2}(1 - r)$.使上式的 Bloch 矢量沿着图 4.13.2 所示的闭合路径 $(A\text{—}B\text{—}C\text{—}D\text{—}A)$ 进行幺正演化,闭合路径所对应的立体角为 Ω,那么 $|-\rangle$ 获得的几何相位为 $-\frac{1}{2}\Omega$,$|+\rangle$ 获得的几何相位为 $\frac{1}{2}\Omega$.这个闭合路径演化是沿着测地线进行的,满足平移演化的条件,动力学相位为 0.经过这个闭合路径演化后,$|\mp\rangle$ 态就变为了 $e^{\mp i\frac{1}{2}\Omega}|\mp\rangle$.可以证明,两个本征态的相干可见度相同,均为 1.那么整个混合态获得的几何相位满足下式:

$$ve^{i\gamma} = \frac{1}{2}(1 + r)e^{-i\frac{1}{2}\Omega} + \frac{1}{2}(1 - r)e^{i\frac{1}{2}\Omega} = \cos\frac{\Omega}{2} - ir\sin\frac{\Omega}{2} \tag{4.13.6}$$

$$\gamma = -\arctan\left(r\tan\frac{\Omega}{2}\right) \tag{4.13.7}$$

为了测量 γ,我们将另一比特(称为辅助比特)制备在 $\frac{\sqrt{2}}{2}(|0\rangle_a + |1\rangle_a)$ 态,也就是

---

① Phys. Rev. Lett., 2003, 91:100403.

$\frac{1}{2}(I + \sigma_x^a)$，只有当辅助比特在 $|1\rangle_a$ 时才对混合态进行幺正操作，辅助比特在 $|0\rangle_a$ 时不对

混合态进行幺正操作. 将混合态中的 $|-\rangle$ 和 $|+\rangle$ 获得的相位 $\mp\frac{1}{2}\Omega$ 传递给辅助比特，使其

变为 $\frac{\sqrt{2}}{2}(|0\rangle_a + e^{\mp i\frac{1}{2}\Omega}|1\rangle_a)$，经过加权平均后，辅助比特获得的相位变化就如（4.13.7）式.

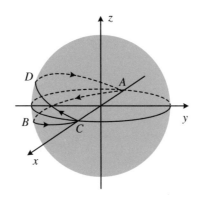

图 4.13.2　沿着测地线进行的闭合演化路径 $A{-}B{-}C{-}D{-}A$

下面来看一下如何制备（4.13.5）式中所示的混合态. 我们的方法是，先从 $|0\rangle$ 出发制

备出 $\frac{1}{2}(I + r\sigma_z)$ 态. 我们将 $|0\rangle$ 绕 x 轴旋转 $\alpha = \arccos r$ 的角度，即

$$|0\rangle = \frac{1}{2}(I + \sigma_z) \xrightarrow{R_x(\arccos r)} \frac{1}{2}(I + r\sigma_z - \sqrt{1 - r^2}\sigma_y) \qquad (4.13.8)$$

上式中的 $\sqrt{1 - r^2}\sigma_y$ 部分可以用梯度场消除，或者当系统的相散（dephasing）速度比较快

时，利用相散将其消除. 我们采用利用相散将其消除的办法，这样就制备出了 $\frac{1}{2}(I + r\sigma_z)$

态. 然后将 $\frac{1}{2}(I + r\sigma_z)$ 绕 $-y$ 轴旋转 $\frac{\pi}{2}\left(R_{-y}\left(\frac{\pi}{2}\right)\right)$，即可得到 $\frac{1}{2}(I - r\sigma_x)$.

对于该混合态的受控幺正操作的实现方法，所需的门序列如下：

$$R_{-x}(\theta) \rightarrow Cz \rightarrow R_{-x}(\pi - 2\theta) \rightarrow Cz \qquad (4.13.9)$$

θ 是路径的一半所在的大圆与 x-y 平面的夹角，$\theta = \frac{1}{4}\Omega$. $R_{-x}(\theta)$ 操作将路径的前一半旋

转到了 x-y 平面，处于 x 轴上 $x<0$ 的一侧. Cz 是受控 z 旋转，实现了辅助比特为 $|0\rangle_a$

时，不对混合态进行操作；辅助比特为 $|1\rangle_a$ 时，使混合态绕 z 轴逆时针旋转 π，即混合态

沿着前一半路径演化.$R_{-x}(\pi-2\theta)$将路径后一半旋转到 x-y 平面,处于 x 轴上 $x>0$ 的

一侧.后面的 Cz 实现了辅助比特为 $|0\rangle_a$ 时,不对混合态进行操作;辅助比特为 $|1\rangle_a$ 时,

使混合态绕 z 轴逆时针旋转 π,但这次是沿着后一半路径演化.这样,就实现了混合态沿

闭合路径的受控幺正演化.Cz 可进一步拆分为 $R_x\left(\dfrac{\pi}{2}\right)\to R_y\left(\dfrac{\pi}{2}\right)\to R_{-x}\left(\dfrac{\pi}{2}\right)\to\dfrac{1}{2J}$,$\dfrac{1}{2J}$

是指在两个比特的 J 耦合作用下自由演化的时长.Cz 中的 $R_x\left(\dfrac{\pi}{2}\right)$ 操作可以和

(4.13.9)式中的 $R_{-x}(\theta)$ 和 $R_{-x}(\pi-2\theta)$ 合并、化简.最后,实验所需的电路图如图

4.13.3 所示.第一比特为辅助比特,$\varphi_1=\dfrac{\pi}{2}-\theta$,$\varphi_2=\dfrac{\pi}{2}-(\pi-2\theta)$.在实施下列门操作

后,只要测量辅助比特获得的相位变化,就可以测得 γ.

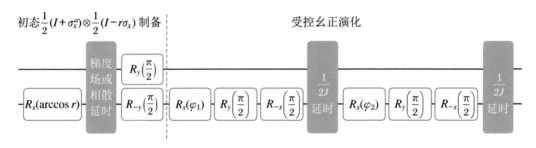

图 4.13.3　测量第二比特混合态几何相位的实验电路图

第一比特为辅助比特.$\varphi_1=\dfrac{\pi}{2}-\theta$,$\varphi_2=\dfrac{\pi}{2}-(\pi-2\theta)$.

4.13.3　实验内容

使用 ^{31}P 作为辅助比特,使用 ^{1}H 作为混合态比特,测量不同纯度的混合态在经过图

4.13.2 所示的闭合路径演化后获得的几何相位.在 $\Omega=\dfrac{4\pi}{3}$ 和 $\Omega=\dfrac{5\pi}{3}$ 两种情形下,取 $r=$

$\cos\alpha$,$\alpha=\dfrac{\pi}{12}:\dfrac{\pi}{12}:\dfrac{5\pi}{12}$,测量几何相位随纯度的变化曲线.在 $\Omega=\dfrac{4\pi}{3}$ 情形下,φ_1 和 φ_2 的取

值分别是 $\varphi_1=\dfrac{\pi}{6}$,$\varphi_2=\dfrac{\pi}{6}$.在 $\Omega=\dfrac{5\pi}{3}$ 情形下,φ_1 和 φ_2 的取值分别是 $\varphi_1=\dfrac{\pi}{12}$,$\varphi_2=\dfrac{\pi}{3}$.

测量 $\Omega=\dfrac{4\pi}{3}$ 时混合态进行闭合路径演化后获得的几何相位.量子线路层序列如图

4.13.4 所示.Delay 门是延时门.第一个 delay 门是用来使 x-y 平面内信号发生相散,以制备混合态初态的,时长设置为 300000 μs.第二和第三个 delay 门是用来实现两个比特在 J 耦合作用下的自由演化的,时长设置为 $\frac{1}{2J} = 720$ μs.Rx 门代表沿 x 方向的任意角度旋转.第二和第四个 Rx 门实现的是 $R_x(\varphi_1)$ 和 $R_x(\varphi_2)$ 的操作.第三和第五个 Rx 门实现的是 $R_x\left(\frac{3\pi}{2}\right)$ 操作,用来代替 $R_{-x}\left(\frac{\pi}{2}\right)$ 操作.第一个 Rx 门实现的是 $R_x(\alpha)$ 操作,将其参数依次设置为 $15°,30°,45°,60°,75°$.

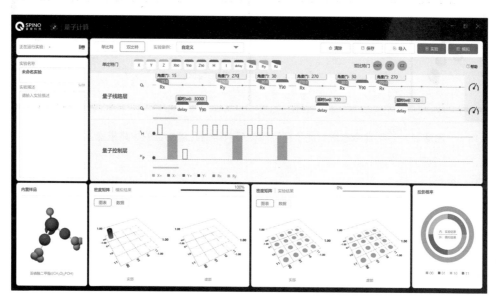

图 4.13.4 测量 $\Omega = \frac{4\pi}{3}$ 时混合态进行闭合路径演化后获得的几何相位的线路搭建方法

测量 $\Omega = \frac{5\pi}{3}$ 时混合态进行闭合路径演化后获得的几何相位.量子线路层序列如图 4.13.5 所示.将第一个 Rx 门的参数依次设置为 $15°,30°,45°,60°,75°$.

由于实验系统最终测得的是整个系统的密度矩阵,而我们想测的是辅助比特的相位变化,因此我们需要从实验结果的密度矩阵求出辅助比特的约化密度矩阵.假设实验结果的密度矩阵为 $\boldsymbol{\rho}$,则辅助比特的约化密度矩阵为

$$\boldsymbol{\rho}_a = \begin{pmatrix} \rho_{11} + \rho_{33} & \rho_{12} + \rho_{34} \\ \rho_{21} + \rho_{43} & \rho_{22} + \rho_{44} \end{pmatrix} \tag{4.13.10}$$

我们所要测的几何相位就是 $\rho_{a,21}$ 的辐角.

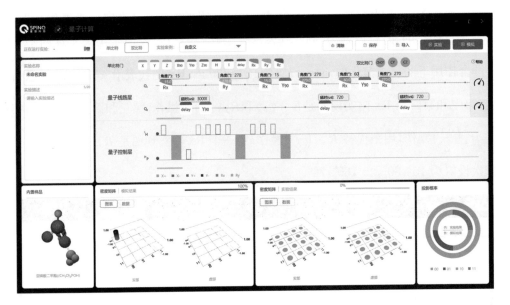

图 4.13.5　测量 $\Omega = \dfrac{5\pi}{3}$ 时混合态进行闭合路径演化后获得的几何相位的线路搭建方法

4.14　HHL 算法解线性方程组

4.14.1　引言

科学和工程学中的很多问题都需要解线性方程组. 随着科学和工程的发展进步, 解线性方程组所需要处理的数据量越来越大, 对计算机和算法的要求也越来越高. HHL 算法[1]就是一个解线性方程组的量子算法, 在一定条件下, 该算法比最优的经典算法具有指数倍的加速. HHL 算法提出后, 已成为很多量子算法的子程序, 例如很多量子机器学习模型就用到了 HHL 算法. 本实验实现了 HHL 算法在两比特系统中的一个简化版本[2].

---

①　Phys. Rev. Lett., 2009, 103:150502.
②　Scientific Reports, 2014, 4:6115.

量子计算原理与实践
Quantum Computing Principles and Practices

4.14.2 实验原理

1. HHL 算法

假设需要求解下面的方程：

$$Ax = b \tag{4.14.1}$$

A 为一个 $N \times N$ 的厄米矩阵，x 和 b 为 $N \times 1$ 向量，x 是要求的结果. HHL 算法也可以求解 A 为非厄米情形，这里我们只讨论 A 为厄米情形. 用 HHL 量子算法解这个方程，需要将 x 与 b 写成与其相对应的量子态 $|x\rangle$ 和 $|b\rangle$，$|x\rangle$ 和 $|b\rangle$ 都是归一的，它们的向量形式各自正比于 x 与 b. 求解 (4.14.1) 式中的 $x = A^{-1}b$，就变成了求解 $|x\rangle \propto A^{-1}|b\rangle$. A 可以表示为 $\sum_i \lambda_i |u_i\rangle\langle u_i|$，$\lambda_i$ 为 A 的特征值，$|u_i\rangle$ 为对应的特征向量. $|b\rangle$ 可以用 A 的特征向量展开，$|b\rangle = \sum_i \beta_i |u_i\rangle$，则 $|x\rangle$ 可以表示为 $|x\rangle \propto A^{-1}|b\rangle = \sum_i \dfrac{\beta_i}{\lambda_i}|u_i\rangle$. HHL 算法求的就是 $\sum_i \dfrac{\beta_i}{\lambda_i}|u_i\rangle$.

  HHL 算法使用的量子系统包含三个子系统. 第一个子系统包含 $\log_2 N$ 个比特，用来存储初始值 $|b\rangle$、输出最后结果 $|x\rangle$. 第二个子系统是一个 n 比特寄存器，用来求 A 的特征值. 第三个子系统为一个辅助比特，辅助操作求特征值的逆. HHL 算法分为三个步骤，如图 4.14.1 所示. 初始态，三个子系统的状态为 $|b\rangle |0\rangle^{\otimes n} |0\rangle = \sum_i \beta_i |u_i\rangle |0\rangle^{\otimes n} |0\rangle$. 第一个步骤，利用相位估计量子算法，以精确到 n 位二进制的精度求出 A 的特征值，所需要的受控 U 操作为，当 n 比特寄存器处于 $|k\rangle$ 态时（$|k\rangle$ 为 k 的 n 位二进制形式对应的量子态），对第一个子系统进行操作 $\mathrm{e}^{\mathrm{i}\frac{kAt_0}{2^n}}$，$t_0$ 常选为 2π. 这一步后，系统的量子态为 $\sum_i \beta_i |u_i\rangle |\lambda_i\rangle |0\rangle$，$|\lambda_i\rangle$ 为 λ_i 的 n 位二进制形式对应的量子态. 第二个步骤，利用 n 比特寄存器为控制比特，对第三个子系统进行控制旋转操作，当 n 比特寄存器状态为 $|\lambda_i\rangle$ 时，对第三个子系统旋转 $2\arcsin\dfrac{C}{\lambda_i}$，这里，$C$ 为一个恰当的参数. 操作后，系统的状态为

$$\sum_i \beta_i |u_i\rangle |\lambda_i\rangle \left[\sqrt{1 - \left(\dfrac{C}{\lambda_i}\right)^2}|0\rangle + \dfrac{C}{\lambda_i}|1\rangle\right].$$ 最后一个步骤为相位估计的逆运算，经过这一步骤后，n 比特寄存器被解耦，系统状态变为 $\sum_i \beta_i |u_i\rangle |0\rangle^{\otimes n} \left[\sqrt{1 - \left|\dfrac{C}{\lambda_i}\right|^2}|0\rangle + \dfrac{C}{\lambda_i}|1\rangle\right]$. 此

时如果测量第三个子系统,则会以 $\sum_i \left| \dfrac{C\beta_i}{\lambda_i} \right|^2$ 的概率测得 $|1\rangle$,此时算法实施成功,第一个子系统输出的量子态为 $\sum_i \dfrac{C}{\lambda_i}\beta_i |u_i\rangle$,这个态正比于我们要求的结果 $|x\rangle$.

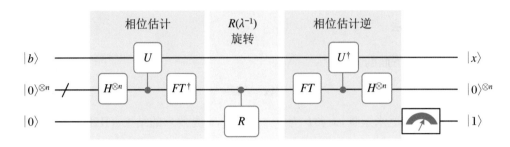

图 4.14.1　HHL 算法量子线路

这里需要说明的一点是,在 HHL 算法中,并没有给出第二个步骤 $R(\lambda^{-1})$ 旋转的具体实施方法.相位估计中的受控 U 操作可以非常直观地分解为以每个寄存器比特为控制比特的操作.受控 $R(\lambda^{-1})$ 旋转操作并不是这样.Yudong Cao 等人[①]给出了一种受控 $R(\lambda^{-1})$ 旋转操作的具体实施方法,需要额外的辅助比特,这里我们就不再详细介绍.

2. HHL 算法在两比特情形下的简化

在这一部分,我们来看一下 HHL 算法的最简单情形:三个子系统各自有一个量子比特,如图 4.14.2 所示.第一个子系统为一个比特,意味着 A 为一个 2×2 的矩阵,有两个特征值.第二个子系统为一个比特,意味着在估计 A 的特征值时,只能精确到 1 位二进制.相位估计运算中所需要的傅里叶变换操作(FT)只需要一个 H 门即可实现.

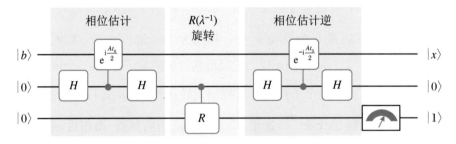

图 4.14.2　三个子系统各自有一个量子比特时的 HHL 算法量子线路

① Mol. Phys.,2012,110:1675.

相位估计中的受控 U 操作简化为:当寄存器比特为 $|0\rangle$ 态时,不需要对第一个子系统进行操作,因为 $\mathrm{e}^{\mathrm{i}\frac{0*At_0}{2}}=I$;当寄存器比特为 $|1\rangle$ 态时,对第一个子系统进行操作 $\mathrm{e}^{\mathrm{i}\frac{At_0}{2}}$. 相位估计后,系统状态为 $\beta_1|u_1\rangle|0\rangle|0\rangle+\beta_2|u_2\rangle|1\rangle|0\rangle$. 由此看出,第二个子系统的 $|0\rangle$ 和 $|1\rangle$ 态分别对应 λ_1 和 λ_2,但只是 λ_1 和 λ_2 的二进制表示中的一位信息,也就是说 A 的特征值并不能通过这一步相位估计完全求出来. 我们在上一部分提到过,受控 $R(\lambda^{-1})$ 旋转是比较难实现的操作. 然而在第二个子系统比特只有 1 个的情况下,这个操作也变得简单,第二个子系统为 $|0\rangle$ 或 $|1\rangle$ 时,分别对第三个子系统进行 $2\arcsin\dfrac{C}{\lambda_1}$ 和 $2\arcsin\dfrac{C}{\lambda_2}$ 的操作. 由于上一步相位估计并不能完全求出 λ_1 和 λ_2,因此受控 $R(\lambda^{-1})$ 操作的实现,需要借助我们预先就有的对 λ_1 和 λ_2 的了解. 我们以特征值为 2 和 3 的情形为例.2 的二进制表示为 10,3 的二进制表示为 11,这两个特征值二进制表示只有 1 位有差别,那么用一个比特寄存器做相位估计,是可以区分出这两个特征值的. 只是我们需要提前知道,这两个特征值的高位都是 1,所以当寄存器处于 $|0\rangle$ 态时,我们知道这个态对应的特征值是 10,需要进行的受控旋转是 $2\arcsin\dfrac{C}{2}$,当寄存器处于 $|1\rangle$ 态时,这个态对应的特征值为 11,需要进行的受控旋转是 $2\arcsin\dfrac{C}{3}$.

现在,我们来看一下 $2\arcsin\dfrac{C}{2}$ 和 $2\arcsin\dfrac{C}{3}$ 中的 C 取什么数值. 当我们测量第三个子系统时,会以 $\sum\limits_i\left|\dfrac{C\beta_i}{\lambda_i}\right|^2$ 的概率测得 $|1\rangle$,此时会得到正确的结果. 我们希望得到 $|1\rangle$ 的概率比较大,仍以特征值为 2 和 3 情形为例,C 最大可以取 2,此时 $2\arcsin\dfrac{C}{2}$ 和 $2\arcsin\dfrac{C}{3}$ 分别为 π 和 $2\arcsin\dfrac{2}{3}$,那么经过相位估计和受控 $R(\lambda^{-1})$ 旋转后,系统状态为 $\beta_1|u_1\rangle|0\rangle|1\rangle+\beta_2|u_2\rangle|1\rangle\left[\dfrac{\sqrt{5}}{3}|0\rangle+\dfrac{2}{3}|1\rangle\right]$. 倘若我们将第三个子系统的初始态设置为 $|1\rangle$,那么在第二个步骤中,如果第二个子系统状态为 $|0\rangle$,就不对第三个子系统操作;如果第二个子系统状态为 $|1\rangle$,对第三个子系统进行 $R_y(\theta)$ 旋转,也可以得到 $\beta_1|u_1\rangle|0\rangle|1\rangle+\beta_2|u_2\rangle|1\rangle\left[\dfrac{\sqrt{5}}{3}|0\rangle+\dfrac{2}{3}|1\rangle\right]$,这里 $\theta=-2\arccos\dfrac{2}{3}$. 所以,图 4.14.2 中的电路可以变为图 4.14.3 中的电路,将第三个子系统初始化在 $|1\rangle$ 态,将第二个步骤变为 $|1\rangle$ 控 $R_y(\theta)$

旋转,旋转角度为 $\theta = -2\arccos\dfrac{\lambda_1}{\lambda_2}$. 从具体操作角度考虑,图 4.14.3 中的电路是对图 4.14.2 中电路的进一步简化.

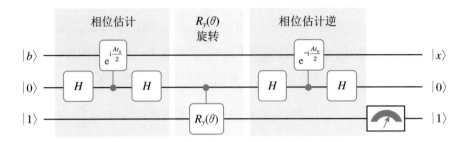

图 4.14.3　简化电路

将第三个子系统初始化在 $|1\rangle$ 态后,图 4.14.2 中电路可以化为图中电路.

在掌握对 A 对角化的旋转矩阵后,图 4.14.3 中所示电路可以进一步简化.如果 $A = U_d^\dagger \begin{pmatrix} \lambda_1 & 0 \\ 0 & \lambda_2 \end{pmatrix} U_d$,那么相位估计中的 $|1\rangle$ 控 $\mathrm{e}^{\mathrm{i}\frac{At_0}{2}}$ 操作可以用 $U_d - CZ - U_d^\dagger$ 来实现,CZ 为 $|1\rangle$ 控 σ_z 门.CZ 门和两个 H 门结合,是 CNOT 门.相位估计中的 $U_d^\dagger$ 和相位估计逆步骤中的 U_d 也可以消去.图 4.14.3 中的电路就变为图 4.14.4 中的电路.图 4.14.4 电路中的三个 $|1\rangle$ 控门可以进一步合并,至此,第二个子系统就可以完全省去,化简为图 4.14.5 中的一个两比特系统电路.

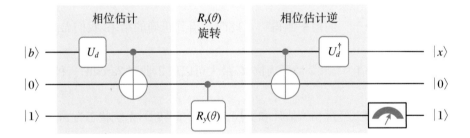

图 4.14.4　进一步简化电路

利用 A 的对角化旋转矩阵,将相位估计和相位估计逆步骤中的受控门化简,图 4.14.3 中电路可以化为图中电路.

量子计算原理与实践
Quantum Computing Principles and Practices

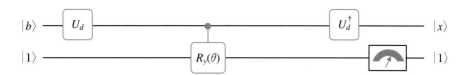

图 4.14.5　简化为两比特系统电路

图 4.14.4 所示电路中的三个 $|1\rangle$ 控门可以合并,第二个子系统可以完全省去,化简为图中的一个两比特系统电路.

4.14.3　实验内容

当 $A = \begin{pmatrix} 2.14645 & -0.35355 \\ -0.35355 & 2.85355 \end{pmatrix}, b = \begin{pmatrix} 0.70711 \\ 0.70711 \end{pmatrix}$ 时,利用图 4.14.5 中所示电路求解 $Ax = b$. 利用氢为第一个比特,磷为第二个比特. A 的本征值是 2 和 3, U_d 可以用 $R_y^{\mathrm{H}}\left(\dfrac{\pi}{4}\right)$ 来实现. $|b\rangle$ 态可以用 $R_y^{\mathrm{P}}\left(\dfrac{\pi}{2}\right)$ 来制备. $|1\rangle$ 控 $R_y(\theta)$ 操作中的角度为 $\theta = -2\arccos\dfrac{\lambda_1}{\lambda_2} = -2\arccos\dfrac{2}{3} \approx -96°$. $|1\rangle$ 控 $R_y(\theta)$ 可以分解为 $R_x^{\mathrm{P}}\left(\dfrac{\pi}{2}\right) - R_z^{\mathrm{P}}\left(\dfrac{\theta}{2}\right) - ZZ\left(\dfrac{-\theta}{2\pi J}\right) - R_{-x}^{\mathrm{P}}\left(\dfrac{\pi}{2}\right)$,这里 $ZZ\left(\dfrac{-\theta}{2\pi J}\right)$ 指在 J 耦合作用下演化时长 $\dfrac{-\theta}{2\pi J}$. 利用绕 x, y 轴的旋转代替绕 z 轴的旋转,前面的脉冲序列可以进一步分解为 $R_y^{\mathrm{P}}\left(\dfrac{\theta}{2}\right) - R_x^{\mathrm{P}}\left(\dfrac{\pi}{2}\right) - ZZ\left(\dfrac{-\theta}{2\pi J}\right) - R_{-x}^{\mathrm{P}\cdot}\left(\dfrac{\pi}{2}\right)$.

对应于图 4.14.5 中所示电路的整个脉冲序列为

$$R_y^{\mathrm{H}}\left(\frac{\pi}{4}\right) - R_y^{\mathrm{P}}\left(\frac{\theta}{2}\right) - R_x^{\mathrm{P}}\left(\frac{\pi}{2}\right) - ZZ\left(\frac{-\theta}{2\pi J}\right) - R_{-x}^{\mathrm{P}}\left(\frac{\pi}{2}\right) - R_y^{\mathrm{H}}\left(\frac{\pi}{4}\right) \quad (4.14.2)$$

需要注意的是,制备 $|b\rangle$ 态的脉冲 $R_y^{\mathrm{H}}\left(\dfrac{\pi}{2}\right)$ 和 U_d 合并为了一个脉冲 $R_y^{\mathrm{H}}\left(\dfrac{\pi}{4}\right)$.

当完成上面的脉冲后,按照原方案需要对第二个比特进行测量,当测得结果为 $|1\rangle$ 态时,第一个比特所处的状态就是 $|x\rangle$. 而如果我们的系统最终能测出整个系统的密度矩阵 $\boldsymbol{\rho}$,那么我们可以直接从 $\boldsymbol{\rho}$ 中提取第二个比特为 $|1\rangle$ 态时第一个比特的密度矩阵:

$$\boldsymbol{\rho}_x = \frac{1}{\rho_{22} + \rho_{44}} \begin{bmatrix} \rho_{22} & \rho_{24} \\ \rho_{42} & \rho_{44} \end{bmatrix} \tag{4.14.3}$$

由于 A 与 b 均为实数,$|x\rangle$ 向量的元素也应为实数,故 $|x\rangle$ 的实验结果可以记为 $\begin{bmatrix} \sqrt{\rho_{22}} \\ \text{sign}(\rho_{42})\sqrt{\rho_{44}} \end{bmatrix}$,$\text{sign}(\rho_{42})$ 是 ρ_{42} 的符号,它是结果向量中两个元素的相对符号.

实现(4.14.2)式中的脉冲序列.量子线路层序列如图 4.14.6 所示.Delay 门是延时门,是两比特在 J 耦合作用下的自由演化,这里需要将演化时间长度设置为 385 μs.Ry 和 Rx 门分别代表沿 y 和 x 方向的任意角度旋转.[1]H 上的两个 Ry 门旋转角度都设置为 45°.[31]P 上的 Ry 门和 Rx 门旋转角度本应为 $-48°$ 和 $-90°$,由于系统给定的角度范围为 0°~360°,因此这里将角度分别设置为 312° 和 270°.

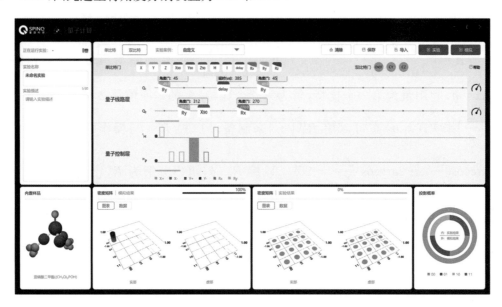

图 4.14.6　(4.14.2)式中的脉冲序列搭建方法

4.14.4　实验数据处理

SpinQuasar 的内置测量程序使我们能得到整个系统的密度矩阵.这里,我们用整个系统的密度矩阵来求第二个比特为 $|1\rangle$ 时第一个比特的密度矩阵(参照(4.14.3)式).利

用 $F = \text{Tr}(\rho_{\text{exp}}\rho_{\text{sim}})$ 计算实验保真度,并求得 $|x\rangle$ 的实验结果 $\begin{bmatrix} \sqrt{\rho_{22}} \\ \text{sign}(\rho_{42})\sqrt{\rho_{44}} \end{bmatrix}$,将其与理

论值 $A^{-1}|b\rangle = \begin{bmatrix} 0.37796 \\ 0.29463 \end{bmatrix}$ 进行对比.

4.14.5　思考与提高

(1) 如果 A 仍是 $A = \begin{bmatrix} 2.14645 & -0.35355 \\ -0.35355 & 2.85355 \end{bmatrix}$,$b$ 变为 $b = \begin{bmatrix} \cos\dfrac{\pi}{8} \\ \sin\dfrac{\pi}{8} \end{bmatrix}$,(4.14.2)式中

的脉冲序列应该怎样修改?

[参考答案]　$|b\rangle$ 态的制备脉冲变为 $R_y^{\text{H}}\left(\dfrac{\pi}{4}\right)$,并可以和 U_d 脉冲合并.

(2) 如果 A 变为 $A = \begin{bmatrix} 2.5 & -0.5 \\ -0.5 & 2.5 \end{bmatrix}$,$b$ 变为 $b = \begin{bmatrix} 1 \\ 0 \end{bmatrix}$,(4.14.2)式中的脉冲序列应

该怎样修改?$\left(\text{提示}:A \text{ 的特征值仍然是 2 和 3},U_d \text{ 变为了 } R_{-y}^{\text{H}}\left(\dfrac{\pi}{2}\right).\right)$

[参考答案]　正如提示所述,A 的特征值仍然是 2 和 3,U_d 变为了 $R_{-y}^{\text{H}}\left(\dfrac{\pi}{2}\right)$,$U_d^{\dagger}$ 变

为了 $R_y^{\text{H}}\left(\dfrac{\pi}{2}\right)$. 由于 $b = \begin{bmatrix} 1 \\ 0 \end{bmatrix}$,为基矢态,因此不需要制备脉冲.